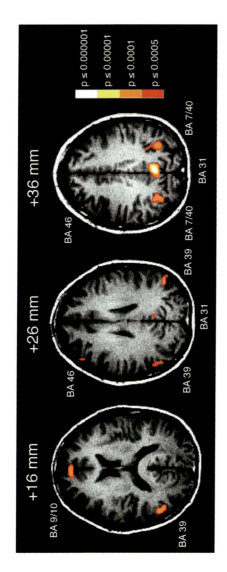

口絵 ヒトのfMRI
[左] BA9/10：内側前頭回，[中央] BA31：後部帯状回，BA39：角回，[右] BA7/40：両外側上側頭溝の各部分が赤くなり，活動していることがわかる（本文 p121 参照）．
Greene, J. D., Sommerville, R. B., Nystrom, L. E., Darley, J. M., Cohen, J. D. (2001) An fMRI investigation of emotional engagement in moral judgment. Science, 293 (5537): 2105-2108.

ブレインサイエンス・レクチャー 6

社会の起源

動物における群れの意味

菊水健史 著
市川眞澄 編

共立出版

本シリーズの刊行にあたって

　脳科学とは，脳についての科学的研究とその成果としての知識の集積です．脳科学は，紆余曲折や国ごとの栄枯盛衰があったとはいえ，全世界的に見ると20世紀はじめから21世紀にかけて確実に，そして大いに進んできたといえるでしょう．さまざまな研究技術の絶えまない発展が，そのあゆみを強く後押ししてきました．また，研究の対象領域の広がりも進んでいます．人間や動物の営みのほぼすべてに脳がかかわっている以上，これも当然のことなのです．

　反面，著しい進歩にはマイナス面もあります．一個人で脳科学の現状の全体像を細かなところまで把握するのは，いまやとても難しいことになってしまっています．脳のあるひとつの場所についての専門家であっても，そのほかの脳の場所についてはほとんど何も知らないといったことも，それほど驚くべきことではありません．また，新たに脳について学ぼうとする人たちからの，どこから手をつければいいのかさっぱりわからない，という声も（いまにはじまったことではありませんが）よく理解できます．

　こういった声に応えることを目標として，今回のシリーズを企画しました．このシリーズは，脳科学の特定のテーマについての一連の単行本からなります．日本語訳すれば「脳科学講義」となりますが，あえてちょっとだけしゃれてみて「ブレインサイエンス・レクチャー」と名づけました．1冊ごとに興味深いテーマを選んで，ごく基本的なことから，いま実際に行われている先端の研究で明らかになっていることまで，広く紹介するような内容構成になっています．通して読むことによって，読者が得られるものは大きいであろうと期待しています．

　本シリーズの編集にあたっては，脳科学研究の最前線にたって多忙をきわめている研究者の方々に，たいへんな無理をいってご執筆いただきました．執筆

本シリーズの刊行にあたって

の依頼に際しては，できるだけ初心者にもわかりやすいように，そして大事な点については重複をいとわず，繰り返し書いていただくようにお願いしてあります．加えて，読みやすさとわかりやすさのために，できるだけ解説図を増やすことと，特に読者の関心を引きそうな点や注目すべき点についてはコラムなどで別に解説してもらうことも要請しました．さらに各章末では，Q&A 形式による著者との質疑応答も，内容に広がりをもたせるために企画してみました．

このシリーズによって脳の実際の「しくみ」と「はたらき」や，脳の研究の面白さが，読者の皆さんにわかっていただけるように願ってやみません．入門者や学生のみなさんにとっては，最先端研究の理解への近道として役立つことと思います．また，脳の研究者や研究を志している方々にとっても，自らの専門外の知識の整理になり，新しい研究へのヒントがどこかで必ず得られるものと信じています．

今回のシリーズ企画にあたっては共立出版の信沢孝一さんに，また実際の編集作業と Q&A 用の質問の作成については，同社の山内千尋さんにお世話になりました．たいへんありがとうございました．

東京都医学総合研究所　脳構造研究室長
徳野博信
（2015 年 8 月病没）

まえがき

　筆者は小さい時から動物や森に囲まれて育ちました．学校から帰ると荷物を置いて家から飛び出し，野山を駆け巡る生活で，山や川が庭でした．夏になると，おにぎりを持って出かけ，川で魚を捕まえて焼いておかずにするなど，現在の生活とはかけ離れた自然の中で生きてきました．そのため，自分を含め人間が自然の一部であり，生命体としてつながっていることは，無意識にも身に染みて理解していました．

　鳥や魚を捕まえ，時にはウサギを狙うこともありました．そのとき，動物と筆者の知恵比べが始まります．罠を仕掛けるとき，動物が何に気づき，何がわからないのか．動物の行動を観察し，その背景にある心理状態を模索し，あれこれと知恵を出して（ほとんどが浅知恵でしたが），楽しんでいたのを記憶しています．そのなかで，鳥の集団，魚の集団がきれいな群れを形成し，ある時には採餌し，ある時には警戒行動からまとまった逃避行動を示していたことを覚えています．夏になるとカエルが大合唱し，蛍が幻想的な光を放っていました．

　動物にはこのように集団を形成し，その中で調和を保ちつつ，個体でいるよりも有利になるような仕組みが備わっています．1羽の鳥が人の気配に気づくと，「危ないよ」といわんばかりに周囲に情報が伝達され，そして一斉に飛び立ちます．このような集団の行動は，集団として機能を果たし，個体の生存率や出生率を上昇させてきたのでしょう．"集団"が有利にはたらくことで，個体が生き残ってきた証だと思います．

　動物の集団は，基本的には，オスメスの配偶関係あるいはその子孫で形成されます．時には鳥類や魚類のように血縁関係のない多集団も存在しますが，哺乳類を見る限り，家族的なつながりが集団の中心を担います．おそらくそのな

まえがき

かで，チャールズ・ダーウィン博士が述べたようなことが起こったのだと思います．「同情（あるいは共感）は習慣（学習）によってより強く発現するようになる．どんなに複雑なかたちにその気持が発展しようが，相互に助け合いそして保護し合うすべての動物にとって，同情に関わる感情は非常に重要なものの一つであり，自然淘汰の進化の過程においてもさらにその重要性は高まってきているといえる．最も思いやりの強いメンバーが数多く含まれている群れは最もよく繁栄して，多くの子孫を育て上げることが可能なのである」（筆者訳）．進化とは，生存競争に勝ったものが残り，競争に破れたものは滅びていくという，いわば適者生存の自然選択がはたらきます．そしてこの自然選択が最も強い選択圧になったことは疑いようがありません．しかし，動物，とくに哺乳類は同時に，群れのメンバーが弱者を守り，仲間の存在によってストレスが軽減するような，親和的な神経・行動システムも発達させてきました．これは，動物の家族，すなわち血縁関係にある個体を守り育てるための力，そしてそれを支える愛情や絆として観察することができます．生存競争のなかでも，いや，厳しい生存競争のなかだったからこそ，お互いを思いやるような行動が獲得されてきたといえるでしょう．

今回の著書では，動物が群れ，動物の社会を形成する仕組みをひも解くことを目指しました．群れの基本形が家族によることから，オスメスの関係性がどのように成り立つのか，そして生まれた仔をどのように擁護するのか，という観点から個体間の関係を見直し，その関係がいかに集団に発展していくか，という点に着目しました．最後に，生物としての"ヒト"の特性にまで言及しました．私たちも人間であると同時に，他の動物と同じように，自然の中で共生の仕組みを作り出してきた生物学的な"ヒト"でもあります．その一部は哺乳類など他の動物と同じ機能を有しており，また一部はヒト特異的でもあります．私たち人間が"ヒト"として存在してきたのも，"集団"を理解することで，その一端が解けるだろうと思います．

最後には，異種間による集団の形成に関しても触れています．異種間の集団として，ヒトとイヌを取り上げました．ホモサピエンスの誕生から20万年が経ちましたが，ヒトとイヌは諸説あるものの3万5千年〜4万年前から生活を共にしてきたと考えられています．つまり人類は，その歴史の1/5をイヌ

と共に歩いてきたのです．イヌはヒトによって家畜化され，おとなしくて従順なものが残ってきました．一方，イヌの存在はヒトの生活を大きく変化させた可能性があります．ヒトの集落にイヌが存在することで，天敵の攻撃を事前に察知することが可能となります．そのおかげで，ヒトは夜間の安眠を手に入れることができました．また狩猟に出かけても，イヌの手助けがあったからこそ大きな獲物をとることが可能となったでしょう．ヒトはイヌを最良の友としましたが，同時にイヌとの共生がヒトをヒトたらしめたのかもしれません．

　動物の世界から発せられる声に耳を傾け，その様子をよくよく観察すれば，おのずと"ヒト"が見えてくるかもしれません．ヒトはヒトだけで現在の姿形を手に入れたわけではなく，長い自然のなかでの進化・共生の歴史を経て，今に至っています．そして他の動物も同じように，進化のなかで生き延びてきた種であり，その存在は適応的な戦略をとってきた証でもあります．是非，本書を片手に，周囲の動物たちの進化や社会のあり方に思いを馳せてもらえれば，と思います．

謝　辞

　この本を書くにあたり，多くの方々，とくに集団に関しての知見，ヒトの特異性などをご教授くださいました東京大学の長谷川寿一先生，亀田達也先生に御礼申し上げます．また母仔間，雌雄間の研究を共に進め，議論を深めてくれた麻布大学の茂木一孝先生，ヒトとイヌの進化と共生に関してのアイデアをたくさん与えてくださった麻布大学の永澤美保先生に多大なるご支援をいただきました．この場を借りて厚く御礼申し上げます．また，本巻執筆の機会を与えて下さった編集委員の市川眞澄先生，筆者の何度もの締め切り違反を耐え忍び（多大なるご迷惑をおかけしました），そして励まし続けてくださった共立出版編集部の山内千尋さん，つたない文章を読み解き，推敲してくださった三輪直美さんに深く感謝致します．

目　次

第 1 章　はじめに　　1

第 2 章　群れの構成要因　　14
  2.1　一夫一妻制　　16
  2.2　一夫多妻制　　20
  2.3　多夫多妻制　　21
  2.4　ヒトの場合　　23
  2.5　序列とストレス　　25
  2.6　融和行動　　29

第 3 章　群れの機能　　33
  3.1　希釈効果　　34
  3.2　富の分配　　35
  3.3　不平等をきらう　　37
  3.4　絆形成と社会的緩衝作用　　39
  3.5　群れにみられる社会情動の起源　　42

第 4 章　母仔間の絆　　46
  4.1　アタッチメント行動　　47
  4.2　養育行動　　49
  4.3　オキシトシンの作用　　51
  4.4　オキシトシンを介した 3 つのポジティブループ　　54

目次

第5章 雌雄の惹かれ合い──フェロモンを中心とした話題　58
- 5.1 オス行動 ... 62
- 5.2 メス行動 ... 66
- 5.3 特定の個体に対する性的嗜好性 ... 68
- 5.4 音声による近縁度の認知 ... 71
- 5.5 雌雄間の絆形成 ... 74

第6章 縄張り行動　79
- 6.1 マーキング行動 ... 82
- 6.2 攻撃性に関わる匂い ... 84
- 6.3 音　声 ... 86

第7章 動物における共感性　89
- 7.1 母仔間にみられる共感性の起源 ... 91
- 7.2 痛みの情動伝染 ... 93
- 7.3 共感性に関わる神経回路 ... 95
- 7.4 なぐさめ行動 ... 99
- 7.5 援助行動 ... 103
- 7.6 ヒトとイヌの共感 ... 106
- 7.7 ヒトの特異性 ... 112
- 7.8 道徳の起源 ... 117
- 7.9 道徳の神経科学 ... 120

第8章 共に生きる　124
- 8.1 ヒトとイヌの共進化 ... 125
- 8.2 共生という概念 ... 129

参考文献　133

索　引　141

column 目次

- "ヒト"と"人","子"と"仔".. 2
- 生育環境とエピジェネティクス.. 4
- ESP1の機能発見への道のり 69
- 母体内における母親戦略.. 91
- 動物に"なぐさめる心"はあるのか 100
- 赤の女王仮説... 124
- ローレンツが愛したイヌ,スタシ.. 130

1 はじめに

　約 40 億年前に誕生した原始生命体は，地球環境の変化とともにいろいろな生物に進化し，移り変わりながら，生き抜くために適した特徴や性質を獲得し，現在の生物に繋がってきました．その基本となるものは**チャールズ・ダーウィン**が提唱した進化の原動力としての**自然選択**や**性選択**です．つまり，より優秀な個体は多くの繁殖の機会を得ることができ，その結果としてその形質をもつ遺伝子が多く次世代へと伝承することになります．チャールズ・ダーウィンは**『種の起源』**（Darwin, 1859）で，「進化の過程では生き残る力のあるものが生存競争に勝ち残り，競争に破れたものは滅びていくという，いわば適者生存が生物の進化を進めた」と記しています．これが最も強い進化における選択圧

図 1.1　チャールズ・ダーウィン：進化論の創始者
https://www.drawingtutorials101.com/how-to-draw-charles-darwin

になったことは疑いようがありません．しかし，動物，とくに哺乳類は同時に，群れのメンバーが弱者を守り，仲間の存在によってストレスが軽減するような，親和的な神経・行動システムも発達させてきました．これは，動物の家族，すなわち血縁関係にある個体を守り育てるための力，そしてそれを支える愛情や絆として観察することができます．ダーウィンの書，"The Descent of Man and Selection in Relation to Sex"（Darwin, 1871）にも下記のとおり記載されています．"Sympathy is much strengthened by habit. In however complex a manner this feeling may have originated, as it is one of high importance to all those animals which aid and defend one another, it will have been increased through natural selection; for those communities, which included the greatest number of the most sympathetic members, would flourish best, and rear the greatest number of offspring（同情（あるいは共感；Key Word 参照）は習慣（学習）によってより強く発現するようになる．どんなに複雑なかたちにその気持が発展しようが，相互に助け合いそして保護し合うすべての動物にとって，同情に関わる感情は非常に重要なものの一つであり，自然淘汰の進化の過程においてもさらにその重要性は高まってきているといえる．最も思いやりの強いメンバーが数多く含まれている群れは最もよく繁栄して，多くの子孫を育て上げることが可能なのである）"（筆者訳）．つまり，お互いを守り，情動を分かち合う共感性は個体の生存確率を上げるがゆえ，適応的な行動の一つであると解釈できることになります．生存競争のなかでも，哺乳類などの動物種においては，お互いを思いやるような行動が進化のなかで獲得されてきたといえるで

---

column

"ヒト" と "人"，"子" と "仔"

"ヒト" と "人" は何が違うのでしょうか．本文では，生物学的な存在として人間を扱う場合はカタカナの "ヒト" を，社会的な存在としての人間を示す場合は "人" を用いました．また，"子" は人間の子の場合に，"仔" は動物の幼若個体を示す場合に用いました．

しょう．

　われわれヒトを含む哺乳類に特徴的な機能として，胎盤形成を介して胎児を育て，授乳を含む養育行動によって子孫をより多く生存させることが挙げられます．卵を産む魚類などの卵生の動物種や，卵をメスの体内で孵化させてから仔を産む爬虫類などの卵胎生の動物と比較すると，哺乳類の産仔数は非常に少ないかもしれません．また，生後間もない新生仔の個体は体温調節や運動機能などが未成熟な場合が多く，親は授乳など多くの資源を割いて仔を養育する必要があります．このような哺乳類の繁殖形態は一見すると「より多くの遺伝子を効率よく次世代に伝播する」という繁殖戦略の第一義から外れているように思えるかもしれません．しかし，哺乳類を対象とした研究で，生育環境が後天的に遺伝子発現修飾（エピジェネティクス）を変化させ，遺伝子発現が調節されることが明らかにされつつあります．哺乳類の多くが未成熟かつ可塑性に富む状態で出産することは，仔は発達の過程において，さまざまな環境の情報を取り入れ，それに適した機能を個々の個体が獲得することができる，ともいえます．別のいい方をすると，哺乳類の進化戦略は，各個体が後天的に環境に大きく適応しうる可塑的な機能をそれぞれ獲得し，個体の生存確率を飛躍的に上昇させた，ということになります．母仔間の絆は，このような後天的な機能の獲得に大きな意味をもつことが想定されます．たとえば齧歯類を用いた研究により，養育行動の良し悪しが仔のストレス制御に関わる遺伝子の発現を調整することが明らかにされました（Champagne *et al*., 2001）．母仔間で，伝達されるものは，栄養学的な資源に限らず，母性行動や胎内における内分泌動態を介した，仔の成長戦略の情報を母親が仔に伝えている，ということです．

　このことから，哺乳類の母仔間を中心とする家族形態は，「仔は自分の遺伝子を継承した個体」という意味に加えて「数すくない産仔に対して投じた労力を守る」というかたちでも観察されるようになります．たとえば，家族で縄張りを守り，食物資源を分配することがそれにあたります．そのため，哺乳類では基本的に母系社会を中心とした群れ（Key Word 参照）を形成します．また単独生活をする動物種でも，幼若動物がいる間は母を中心とする家族の群れになります．たとえば強固な群れを形成するオオカミではアルファとよばれるオスと同じくアルファとよばれるメスのペアが頂点に立ち，繁殖や資源の確保

を行います.繁殖の権利をもつのは基本的にこのペアのみで,その他の成熟個体には繁殖の権利が得られません.群れの構成員の大半はそのオスとメスの仔たちであり,この仔たちのうちメスは3歳程度まで群れに残り,アルファのメスの産んだ若いオオカミの育仔を手伝います.一方,オスは性成熟を迎える2歳頃から群れを出て,新しいアルファになるための修行を始めるといわれています.このように母系を中心とした群れの結束は養育環境を介した絆(Key

生育環境とエピジェネティクス

母性行動の良し悪しは,動物の情動性や中枢ストレス制御機構に大きな影響を与えることが明らかになってきました.母親によく面倒をみてもらった動物は,成長した後によい母親になります.虐待を受けた仔はうまく母性を示すことができません.幼少期,とくに新生児期の社会的経験が中枢をエピジェネティックに制御することで,仔の成長後の母性行動が左右されることが明らかになっています.たとえば,新生仔期に仔への舐め行動や毛づくろい行動といった養育行動の発現頻度が高い,つまり母性の高い母に養育された仔は,母性の低い母親に養育された仔に比べて成長後に自身の出産した仔に対してより多くの養育行動を示します.この養育行動の伝播は遺伝ではなく,母性が低い母親から生まれた仔でも母性の高い母親の里仔として育てられると,成長後に自身の仔に対する養育行動の発現頻度は高くなるのです.この行動形質の伝播は,視床下部におけるエストロゲン受容体のエピジェネティックな修飾によって説明することができます.エピジェネティクスとは,遺伝子の発現様式を修飾するメカニズムのことで,たとえばDNAのある部分がメチル化されると,その近傍の遺伝子発現は抑制されることが多いのです.あるいはクロマチン(DNAを巻きつけるコイルのようなもの)にも化学修飾が入り,その巻きついている遺伝子の発現が変化します.母性の高い母親に養育されたメスラットでは,オキシトシン受容体を発現している神経細胞でのエストロゲン受容体発現の上昇が認められます.エストロゲン受容体の活性化はオキシトシン受容体の発現を誘導するため,結果的に母性行動を促進させる視床下部でのオキシトシン神経系の活性化につながります.また,通常よりも1週間早く離乳することによって母親からの養育を早期に剥奪されたメスマウスでは,成長後に養育行動の発現頻度が低くなることが示されています.この早期離乳モデルでみられる母性低下の原因となる母親から仔への社会的合図は同定されていませんが,新生仔期だけでなく授乳後期の母仔関係も仔の成長後の母性行動をエピジェネティックに制御することが示唆されます.

Word 参照）の形成に依存しており，その絆をもとに，移動や獲物の確保などを一緒に行うことになります．このような形態が"群れ"の基本になります．

本書では，動物における群れの形態とその機能を紹介します．さらにその群れに関連した行動を制御する神経系と内分泌系の役割について述べます．最終的には，広範な援助行動や社会的な寛容性を獲得した，ヒト社会の理解につながるような行動認知的な知見についても紹介し，ヒトがなぜこのような社会を形成するに至ったかを，生物神経科学，進化的に洞察します．

ストレスとHPA軸

　ヒトを含む動物は，環境に適応しながら，生きる機能を獲得しました．環境の変化に応じて，体内の環境を一定に維持することを**恒常性**（**ホメオスタシス**）といいます．恒常性の維持には大きく2つのシステムがはたらきます．一つは自律神経系を介した，即自的な反応系です．自律神経系の反応は数秒程度で可能です．たとえば，動物が危険に曝されたとき，瞬時に逃げるような身体機能の変化の多くは自律神経系によるものです．もう一つが内分泌を介した応答です．いわゆる**ホルモン**によって，身体の機能が変化し，環境に適応します．こちらは数分から長い場合は数日にまで及ぶ機能です．とくに重要な反応系は，ストレス内分泌軸とよばれ，視床下部（hypothalamus），下垂体（pituitary），副腎（adrenal）によって制御されます．これをそれぞれの頭文字をとって，**HPA軸**といいます．HPA軸の活性化は，副腎皮質からのグルココルチコイドの分泌を促します．グルココルチコイドは別名，**ストレスホルモン**ともよばれ，全身の細胞に作用し，蓄えたエネルギーを糖に変えて，持続的な運動を可能とします．そのため，HPA軸は恒常性の維持に重要な役割を果たします．ただ，HPA軸の持続的な高活性化は，うつ病やがん，感染症などのリスクになることが知られており，ストレスの指標として重要なものとされています．

オキシトシン

　オキシトシンは9つのアミノ酸で構成されるペプチドホルモンです．オキシトシンは視床下部の**室傍核**（paraventricular nucleus：**PVN**）と視索上核の大細胞性ニューロン，小細胞性ニューロンで合成され，下垂体後葉から血中へと放出されます．おもに乳房や子宮に発現しているオキシトシン受容体に作用し，それぞれ乳汁射出や子宮収縮

■重要な脳部位の図■

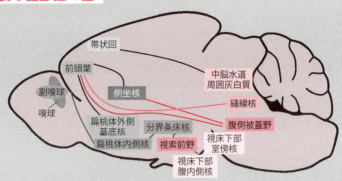

鋤鼻神経（嗅覚）回路
副嗅球：おもに不揮発性の匂い分子やフェロモンを受容する鋤鼻器からの投射を受ける．フェロモンの記憶にも関与する．
扁桃体内側核：副嗅球から投射を受け，個体認知や性認知などを司る部位．
分界条床核：扁桃体内側核などで処理した情報を攻撃や親和性などの情報に乗せ替える機能があるといわれ，性差も認められる神経核．

行動選択（意思決定）回路
前頭葉：さまざまな感覚情報の統合を処理し，辺縁系の機能を制御する．縫線核からセロトニン神経系，腹側被蓋野からドーパミン神経系の投射も受ける．
帯状回：身体感覚やその他の感覚を統合し，運動神経系に情報を送る．その一つが中脳水道周囲灰白質．
扁桃体外側基底核：前頭葉からの情報を受け，辺縁系の機能を制御する．

報酬回路
腹側被蓋野：価値や意思決定，予測誤差を生み出すために重要な役割を担うドーパミン神経細胞の起始核．
側坐核：腹側被蓋野からのドーパミン神経系の投射を受ける．ここでドーパミンが作用することで，行動が強化される．

運動起動回路
視索前野：攻撃行動や養育行動の制御部位の一つ．
視床下部室傍核：ストレス内分泌応答の中枢．ストレス行動を誘起する．
視床下部腹内側核：攻撃行動，性行動，逃走行動などを司る運動制御の中心的役割を担う．
中脳水道周囲灰白質：捕食行動や攻撃行動，すくみ行動などの恐怖反応，さらには性行動を司る．

を促すことが古くから知られています．近年，脳の中にも受容体が発見され，またオキシトシンが放出されていることがわかりました．オキシトシンは大脳辺縁系や脳幹などの中枢神経系にも作用し，いくつかの社会行動を制御します．とくにオキシトシンの作用阻害薬を分娩後のメスラットやヒツジに投与すると養育行動の発現が阻害されることから，養育行動の誘起にも大きく関与していることが示されています．

群れ

同種の複数の個体が限られた広さの空間内で生活し，互いに関わりあう状態です．英語では動物によって特別な名称でよばれます．動物の群れは一般的に group ですが，魚類では school，鳥類では flock，シカなどの草食動物は herd，オオカミやハイエナなどイヌ科動物は pack，ヒヒなどのサル類は troop，ネコ科では珍しく群れを形成するライオンは pride，ヘラジカは pang とよばれています．なお，餌台に集まる鳥のような，環境条件の変化による群がりは**集合**（aggregation）であり，恒常的な個体間距離が一定に保たれている群れ生活とは区別されます．ニホンザルのように社会的順位が形成され，高度な社会構造が観察されることもあります．社会的役割の分業化が明瞭なヒエラルキーをもつものを**真社会性動物**とよび，代表的な昆虫はミツバチやアリ，哺乳類ではハダカデバネズミが真性社会性を営むことが知られています．一方で，マイワシなどのようにただ多くの個体が集まって移動をともにするだけの，役割や関係性が希薄な群れも存在します．

絆

社会的絆ともいいます．個体間において，とくに強い親和関係が結ばれることです．**愛着（アタッチメント）**ときわめて類似していますが，アタッチメントが特定の対象との近接によってネガティブな情動を軽減するための行動システム（仔が親を引き寄せるための行動システム）であるのに対し，絆はアタッチメント行動によって成立した保護−被保護者関係の状態をさします．親子間に最もよく観察されますが，雌雄間やメスどうしの間でも形成されることがあります．絆が形成されることにより多くの時間を共に過ごし，常に相手の存在を把握するようになります．動物の研究において生物学的に絆が形成されている要件として，特定の対象を認識すること（個体弁別，個体間のボディーランゲージや音声などの社会的合図の理解）と，特定の対象との分離および再会時に特異的な反応を示すことが必要であるとされています．

フェロモン

生物の体内で産生され，体外に分泌放出されて，同種の他個体に特異的な行動や生理

第1章 はじめに

的変化をひき起こす化学物質の総称です．1959年にP. KarlsonとM. Lüscherが，ギリシャ語のpherein（運ぶ）とhorman（刺激する）を合わせて提唱した造語です（Karlson and Lüscher, 1959）．カイコガのメスがオスを誘引する性フェロモンとして単離された**ボンビコール**が，化学物質として同定された最初のフェロモンです．ボンビコールをはじめ，フェロモンの研究は昆虫で進んでおり，社会性昆虫のコロニー維持や個体間の通信，コロニーの認知，列移動などに重要な役割をもちます．フェロモンはその作用方式から，**リリーサーフェロモン**（解発フェロモン）と**プライマーフェロモン**（起動フェロモン）に分けられます．リリーサーフェロモンとはフェロモンを受容した動物の行動を変化させるもので，性フェロモン，警報フェロモン，集合フェロモン，道

表1.1 代表的なフェロモン効果とその化学物質

	効果	動物種	化学物質
昆虫	集合フェロモン	キクイムシ	イプセノール，イプスジエノール，ベルベノール
	女王フェロモン	ミツバチ	オキソデセン酸
	警報フェロモン	ミツバチ	酢酸イソペンチル
	道しるべフェロモン	アリ	4-メチルピロール-2-カルボン酸メチルなど多数
	オス誘引フェロモン	カイコガ	ボンビコール
魚類	オス交尾フェロモン	ゼブラフィッシュ	プロスタグランジン2*a*
哺乳類	フレーメン反応フェロモン	ゾウ	ドデシニルアセテート
	メス発情フェロモン	ヤギ	エチルオクタナール
		ブタ	アンドロステノン
		マウス	ESP1
	オス攻撃的フェロモン	マウス	ESP1
	メス流産フェロモン（ブルース効果）	マウス	ESP1
	オス縄張りフェロモン	マウス	マウス主要尿タンパク質
	警報フェロモン	ラット	4メチルペンタナール，ヘキサナール
		マウス	ジヒドロチアゾリンなど

しるべフェロモンなどが含まれます．プライマリーフェロモンとはフェロモンを受容した動物の内分泌を変化させて性成熟や個体の成長などに影響を与えるもので，女王バチが分泌する女王フェロモン，マウスやヒトなどの性周期同調フェロモンなどが含まれます．

コミュニケーション

個体間における情報のやりとり．情報を出す側の提供個体と，受容する側の受容個体によって成り立ちます．通常，初期の情報の提供は，意識的なものや意図的なものではなく，個体の生存確率を上昇させるような適応的な変化や行動が，次第にシグナルとしての機能をもつようになったと考えられています．たとえば，マウスの仔は母から離されると超音波領域で音声を発します．この発声自体は，母から離れたことによる体温調節のための呼吸の変化に伴う副産物です．呼吸の変化に伴って発生した音声を受容できる母マウスがまれに現れると，その個体の子孫は母マウスに助けてもらえる確率が上昇し，次第にマウス全体がこの音声を介したコミュニケーションを使うようになったと考えられます．ヒトの言語も本来は情動の変化に伴う呼吸器系の変化が発生の要因との説もあります．

共感

外界からの刺激により他者に生じた情動を知覚し，自身の情動状態が変化する，あるいは相手の情動に対して適切な行動をとることをいいます．情動の身体的伝播をいう場合（情動的共感）と，相手の情動の表出を自身の過去の経験などと照らし合わせたうえで共有するという認知的側面（認知的共感）があります．これまで共感する能力には自己認知や心の理論などの高度な認知レベルが必要だと考えられ，ヒトのみがもつといわれてきましたが，近年では霊長類をはじめとして，齧歯類においてもその存在が指摘されています．霊長類では争いに負けたチンパンジーに対してなぐさめ行動がみられ，齧歯類では仲間の苦痛を見ることで自身も苦痛を受けたかのような行動を示します，あるいは拘束された仲間を解放するなどが報告されています．エモリー大学のF. de Waalは，世界的に有名なチンパンジー研究者であり，TIMES紙の「世界に影響を与える100人」にも選ばれています．de Waalは，情動の伝播という狭義においては，共感は種を越えて多くの動物に存在すると述べており，共感の神経科学的基盤の研究が進められています．

協力

協同ともいいます．複数の個体が共通の利益と目的のもとに，ある程度の役割分担を

行いながら協同して行動することです．協力は主たる行為者に対する従たる行為者からの利益供与を伴う協力の意味を含まず，同じ立場の複数個体が同時に同じ場で行動することを表す場合が多いです．協力は群れ形成に伴って生じることが多く，ハイイロオオカミ，リカオン，ペリカンなどの群れの狩り，小型鳥類のモビングによる対捕食者行動，群れや縄張りの防衛，協同繁殖種におけるヘルパーの手伝い行動（helping），ライオンやミーアキャットなどの協同保育，アリやハチの一部でみられる多雌創業（共同穴掘りなど）などさまざまな状況でみられます．

社会的緩衝作用

社会的ストレス緩衝作用ともいいます．仲間の存在がストレス反応を緩和する作用．たとえば群れで暮らすモルモットが知らない場所に置かれた場合，単独よりも他個体と一緒だとストレスホルモンであるグルココルチコイドの分泌が低くなります．また，そのストレス緩和効果は個体間の結びつきに依存しており，知り合いや母仔などの絆関係の個体と共にいるほうがその効果が高くなります．この作用はとくに母仔間で最も強く観察され，仔ヤギや仔ネコなどは母親と一緒だと新奇環境に早く慣れます．

同調

同調化ともいいます．厳密にはリズムをもった運動や振動的な活動の周期が一致することを**同期**といい，行動パターンが類似することを含む場合には**同調**といいます．リズミカルに振動している異なる要素が，互いに引き込み合い同調することによって集団全体でリズムが生じ，位相がそろった協調行動が発現すると考えられています．脳内の視床下部には，体内の24時間リズムを形成する細胞群があり，**時計細胞**といわれていますが，その時計細胞の1つひとつの約24時間周期のリズムが細胞間で同調し個体全体として時計が刻まれる現象をはじめとして，ホタルの発光周期が集団内で同調し一斉に明滅する様子や，コオロギやカエルの合唱が知られています．これらは非線形振動子（初期値に依存しない，振動の発生原理．無関係なところで発生した振動が共鳴するような原理）の引込み現象で説明されます．またこれらとは機構が異なりますが，音楽のリズムと同調したオウムやイヌのダンス，テナガザルのオスとメスが交互に鳴き交わすデュエットも同期化の例です．ムクドリなどの群れの飛行は，その方向，速度，空間的位置が一致する空間的位相の同期化です．鳥たちは近接する何個体かの動きに基づいて飛ぶ向きや速さを決定し，群れは一体となって飛行します．同様の例としてはイワシやアジの群泳があります．同調化現象を生み出すメカニズムとしておもに2つ考えられています．一つは要素間で化学物質などのシグナル情報や移動を介した相互作用がはたらくことであり，**カップリング**とよばれます．2つ目は異なる要素の自律的振動が気候条件

などの共通した外的環境変動により揺さぶられることによって同調するという仮説で，モラン仮説とよばれています．同期化は動的な協調行動を生み出し，重要な生物学的機能を担っていると考えられています．

Q 哺乳類において，群れの形成パターンはそれぞれどれくらいの割合となるのでしょうか．

A 哺乳類ではハーレム型の一夫多妻制が最も多く観察され，90％程度といわれています．次に多いのが乱婚型の群れで，こちらが7％程度，一夫一妻制が3％程度です．その他の群れの形成パターンは観察されていないといわれています．これは，哺乳類のメスの妊娠出産と育仔のコストが大きく，多くの子孫を残せないことから，より強いオスの遺伝子を効率よく残すためのシステムとして進化したと考えられています．

Q 群れの機能として，餌食物資源の確保，敵からの生存，ストレスの軽減などが考えられていますが，それらの優劣はあるのでしょうか．

A 進化理論では，これらのことが有利にはたらき，動物が集団になるほうが進化しやすい，と結論されている場合もあります．その要因は，天敵との遭遇頻度，餌食物資源の確保の確率とその量などが係数として当てはめられていることにあります．その結果，いくつかの生態要因を満たす場合，動物は群居性をとるほうがメリットが大きいことがわかりました．群れを形成することのメリットは，その動物の生息環境に依存しており，たとえば小魚や鳥は，敵からの生存に有利になりますが，オオカミなどは天敵がいないので，餌食物資源の確保のための群れ形成になります．環境要因によってこれらのメリットの多少が決まります．

Q ヒツジやマウスでは匂いで自分の仔と他の仔を識別していますが，この匂いはフェロモンとはよばないのでしょうか．また，匂い物質は同定されているのでしょうか．

A 現時点では，これらの匂いはフェロモンとはよばれていません．フェロモンの定義として，動物・植物・微生物において，体外に分泌され，同種の他個体に作用して，ある特定の行動や生理的変化を起こす化学物質のことをいいます（Karlson and Lüscher, 1959）．

第1章　はじめに

　　自分の仔の匂いは，母親には強い影響を与えますが，その他の個体には影響を示しません．そのため，フェロモンの定義「ある特定の行動や生理的変化」が一般的ではないため，含まれないのです．母性行動につながる仔の匂いは，複雑な匂い分子の組合せで個性が形成されるといわれていますが，具体的な分子まではみつかっていません．

Q ホルモンがメスの性行動を制御するため，性周期は性行動と密接に関連しています．完全性周期型と不完全性周期型の動物では性行動にどのような相違が生じるのでしょうか．

A 完全性周期型の動物とは，ヒトやチンパンジー，イヌなどが該当し，黄体期をもちます．不完全性周期型の動物とは，ラットやマウス，発情期のネコなどが該当します．これらの動物の差異は，完全性周期型の動物では，黄体期には性行動を示すことがありません．不完全性周期型の動物でも，発情期以外は性行動を示しません．違いはその長さです．黄体期は比較的長いので，完全性周期型の動物では，発情から次の発情までの期間が長いのです．たとえばオオカミでは1年くらいあるといわれています．一方，不完全性周期型のマウスでは，4日に1度発情します．発情期に特異的な性行動の発現様式はほぼ同じであるといわれています．

Q 縄張り形成のため，マウスでは主要尿タンパク質（MUP）が用いられていますが，個体識別に利用されているのはMUPの量の相違ですか，それともタンパク質種の相違ですか．また，体調の変化によってMUPの成分が変化することはあるのでしょうか．

A マウス主要尿タンパク質（MUP）はさまざまな分子量のものが知られていて，その構成比（含まれるMUPのタイプ）は個体ごとに異なり，個体の特徴量として使用されていると考えられています．同じ個体でも，年齢などによって変化します．たとえば性成熟前と後では異なる構成比になることが知られています．

Q プレーリーハタネズミがパートナーのストレス状態を認知する感覚系は五感ですか．五感だとすると，どれがはたらいていますか．

A 現時点では，プレーリーハタネズミがパートナーのストレス状態を何を手がかりに知ることができるかはわかっていません．候補としては，ストレスの経験によって分泌が変化する警報フェロモンのようなものが考えられています．今後の研究によって明らかになることでしょう．

Q サバンナで異種の動物が群れをつくっているような場面を映像で見ることがあります．異種の動物が群れをつくることはあるのでしょうか．この際，異種で共感のような作用ははたらくのでしょうか．

A たいへん重要な点です．いくつかの動物では，たとえば共通した"危険信号"をもち，それを利用して，お互いに危険を知らせ合っている様子が観察されます．実際にキンイロジリスとキバラマーモットは近接して生活していますが，お互いの危険信号としての鳴き声に反応し，逃避行動を示すことがわかっています．これらの動物で，生まれながらにして危険信号を共有し，情動伝染するかを調べると，多くの場合，経験依存的に学習していることがわかりました．すなわち，危険の到来と，他の動物種から発せられる信号の関連学習のうえに，情報を共有しているようです．たとえ学習を経ているとしても，情動伝染が成り立つようになるというのは，面白い結果だといえるでしょう．

Q 生物界にとって共生が重要なことは理解できます．異種動物の群れ間の共生はどのくらい存在するのでしょうか．

A 共生をどのように定義するかによりますが，異種間でもシグナルを伝達し，ある場面では協力的に，ある場面では敵対的に共生することが知られています．敵対的なものは多く知られていますが，協力的なものとして近年報告されたものがあります．アフリカの草原に棲むエチオピアオオカミとゲラダヒヒは，群れとして共存することが知られています．この異種の群れでは，たとえばエチオピアオオカミのネズミの捕獲確率が，単種の群れの場合と比較して40％も上昇することがわかりました．現時点ではゲラダヒヒへの恩恵はまだ明らかにされていませんが，何らかの利益があると考えられています．このようなかたちで，今後もいくつかの興味深い共生の例が見つかると思われます．

2 群れの構成要因

　その動物がどのような群れ（Key Word 参照）を形成するかは，動物の繁殖形態によっています．たとえば，草原で暮らすライオンはネコ科動物では珍しくプライドとよばれる群れを形成し，そのプライドで狩りを行うとともに，優位なオス数頭がプライド内での繁殖権をもちます．シカなどの偶蹄類では群れにおけるオスの繁殖権がさらに厳しく管理されており，ハーレムの中には成熟したオスが1頭のみ存在し，50頭ものメスを従えることは珍しくありません．繁殖形態がすなわち，群れの構成員を決めているわけです．そもそもオスの繁殖とメスの繁殖の戦略の違いは，その配偶子のサイズによります．つまり，オスは小さなそして移動能力をもつ精子（雄性配偶子）を提供するのに対して，メスは大きな卵子（雌性配偶子）を提供することになります．そのため，一般的には生涯における子孫の数はメスに比べてオスが多くなります．たとえば人間でも，最も多くの子孫を残したといわれている，かのチンギス・ハーンなどは200人以上の直系の子孫がいただろうといわれています．これは一人の女性が出産する数の数十倍にあたる数になります．その代わり，メスをめぐる争いに負けたオスはまったく繁殖機会を得ることができません．メスは多くの個体で子孫を残すチャンスをもっていますが，オスはまったく子孫を残せずに死んでいく個体がたくさんいる，ということです．ところが，動物の繁殖形態が一夫一妻制をとる場合，オスの自分の仔どもがもてるチャンスは上昇しますが，それと同時に多くの子孫をさまざまなメスに産ませる機会を捨てなければなりません．またメスも多様なオスと交配する確率が低下します．そして多くの場

表 2.1　群れの形成パターンと代表的な動物種

一夫一妻制	繁殖期につがいを形成するもの．夫婦で子育てする種が多い．哺乳類ではまれ
サケ，シクリッド，オシドリ，ペンギン，テナガザル，マーモセット，プレーリーハタネズミ，オオカミ，タヌキ	
ハーレム型一夫多妻制	基本，オスが1頭で複数のメスによる群れ
クマノミ，オットセイ，アシカ，ゴリラ，アカジカ，ライオン	
レック型一夫多妻制	オスが集まり，そこにメスも集い，優秀なオスが複数のメスと交尾する
フクロウオウム，アオアズマヤドリ，エリマキシギ，ソウゲンライチョウ	
スクランブル型一夫多妻制	繁殖期にオスとメスが出合い，順に交尾を重ねていく
カブトガニ，ジュウサンセンジリス	
一妻多夫制	メスが1個体で複数のオスによる群れ
チョウチンアンコウ，タマシギ，アカエリヒレアシシギ，モリアオガエル	
多夫多妻制（乱婚）	複数のオスとメスが混在し，特定の個体間以外でも交配する
アミメハギ，チンパンジー，ボノボ，リスザル	

合，オスメスによる熱心な庇護，養育活動が観察できます．つまり一夫一妻制への移行には，遺伝的多様性と庇護の重点化における繁殖戦略のトレードオフが存在します．

　このように群れという複数個体が共にいる状態では，その繁殖形態によって群れの構成員が異なっています．最も小さな群れは単家族の形態，すなわちオスとメスは一夫一妻制をとり，その仔どもたちが共にいる群れです．鳥類では多く報告され，4割から5割がこれに相当します．哺乳類では圧倒的に割合が低く，約3％の種が一夫一妻制をとるといわれています．代表的な一夫一妻制の哺乳類として，プレーリーハタネズミやマーモセット，タヌキなどが知られています．単家族よりも大きい群れの場合，成熟したメスが多く，オスが限られている場合を一夫多妻制，オスメスともに複数が存在する場合を多夫多妻制といいます．その構成には一般的に，餌資源の入手の困難さ，とくにメスの

繁殖と食資源，それを得るための生活圏の広さが関与することが明らかになりつつあります．

ハーレムを形成する群れでは，当然ながら群れの中のオスとメスにはその産仔数に偏りが生じます．このような繁殖成功度の不均一性を繁殖の偏りといいます．女王バチや女王アリのように，1匹のメスがすべての繁殖を支配する真社会性の動物の場合，高順位の限られた個体のみが繁殖を行うので繁殖の偏りが強い社会となります．その反対に，チンパンジーなどのように多夫多妻制をとって，オスとメス双方ともに群れ内の大部分の個体が繁殖できるような場合には，繁殖の偏りが小さくなります．この繁殖の偏りは，その後の育仔形態にも影響を与えることが想定されています．

2.1 一夫一妻制

一般的に哺乳類では一夫多妻制か多夫多妻制をとる動物が多くみられます．それはメスのかける育仔の労力がオスと比べて多く，とくに授乳などはメスのみ可能な育仔であることから，オスとメスの育仔への参加の価値が異なるからだといわれてきました．鳥類は卵生であることから，雛の育仔を父親と母親に同じように分配することが可能であり，そのために一夫一妻制をとるのだろうとの考え方です．父親が積極的に育仔に関わることは，鳥類や真骨魚類，爬虫類の一部で観察されています．このような動物種では母乳によらない育仔をするため，オスでもメスでも同等の貢献度となることができます．父親の育仔参加によって，仔の生存確率が上昇し，最終的な適応度が高まります．そのため，このような動物種では一夫一妻制が広がることが容易に想像できるでしょう．しかし，哺乳類ではメスの体内で胎仔が育ち，さらに母乳で育てるという大きな制限があります．これらの点はオスが貢献したいと思っても不可能です．そのため，育仔はメスに任せる，という戦略が生まれたと想定されています．それでもなお哺乳類でも珍しく一夫一妻制をとるものもいます．上述のプレーリーハタネズミやマーモセット（図2.1），タヌキなどです．ではなぜ哺乳類で一夫一妻制が出現したか，というのは興味がもたれます．

そもそも群れを形成するかしないか，どのくらいの数で群れを形成するか，

図 2.1　コモンマーモセットのペア
https://en.wikipedia.org/wiki/Common_marmoset

に関しての研究は数多く行われ，動物の群れのサイズや移動は，基本的には餌の獲得状況に依存することがわかってきました．とくに哺乳類のメスにおいては，育仔中に安定して餌が採れることが，より安定した育仔を行う条件となるため，群れのサイズや移動は，繁殖期のメスの餌の採れ方に関係すると考えられます．一方，オスの群れの形成戦略はいくつか考えられます．まず，オスどうしの繁殖相手をめぐる競争です．さらに仔どもができても，他のオスの存在は仔殺しにあう危険因子となります．オスは他のオスとの間に生まれた仔を殺すことでメスの発情を回帰させ，自分の子孫を身ごもらせようとするわけです．確かにいくつかの哺乳類では，オスの仔殺しが観察されます．すでにメスと交尾して仔を設けたオスにとっては，仔殺しを阻止するための防御性の養育行動，つまり仔を守るために傍に居続けるという行動の発達も考慮する必要が出てきます．英国のケンブリッジ大学の Clutton-Brock らの研究はこれらの疑問を，進化系統樹から解析しました．

　まず彼らは群れの構造がどのようになっているかを，哺乳類の進化系統樹から選んだ 2545 種の動物の上にプロットしました（図 2.2）(Lukas and Clutton-Brock, 2013)．61 の進化系統樹の分岐に一夫一妻制への移行点が見つけられ，進化のある時点で一夫一妻制が生まれ，それが引き継がれていくことがわかりました．霊長類では 30％，肉食動物では 16％に一夫一妻制が

図 2.2 肉食獣における一夫一妻制の出現の系統図
ピンクが単独生活動物，赤が群れ生活，黒が一夫一妻制の動物．黒で示された動物種が散在して出現するのがわかる．
http://science.sciencemag.org/content/sci/suppl/2013/07/29/science.1238677.DC1/Lukas.SM.pdf

観察され，その他の種ではほとんど報告されず，散在するのみでした．さらにその系統樹の上に，メスの個体間距離，あるいはオスにおける養育行動の有無をプロットしました．すると，一夫一妻制をとるものの，オスによる養育が認められないものが43％もありました．つまり，養育するためにオスがメスと一夫一妻制をとるのであれば，この一致率は低すぎる値になります．ただし，一夫一妻制をとる動物種では，オスがメスの育仔を助ける場合，仔の生存確率は予想通り高くなりました．ただ，進化的にはそのために一夫一妻制が発達したとはいえないことになります．またオスの仔殺しをする種と一夫一妻制を比較しましたが，これも重ならず，27％の種で観察されるのみでした．

　次に繁殖期の餌を採るためのメスの縄張りの広さをプロットすると，一夫一妻制のプロットとうまく重なりました．つまり，広い縄張りを有しなければ餌

を採れない種では，一夫一妻制がひかれていたのです．これはこれまでの説を覆す，非常に大きな発見でした．現在報告されている一夫一妻制の動物のいくつかの種では父性行動が観察されますが，実際は一夫一妻制が先に進化し，その後父性行動が追随することが明らかとなったわけです．**父性行動**とは，授乳を含まない父親が示す養育行動で，ほぼ母性行動と同じ内容になります．さらにオスが他のオスの仔殺しを防御するためにメスの側にいるようになったのではないかという仮説も否定されました．つまりはオスからの仔への投資や貢献が，一夫一妻制を生んだわけではなかったのです．さらに，一夫一妻制をとるメスの生息範囲は，単独生活を営むメスの空間よりも分散することがわかりました．つまり一夫一妻制をとる種のメスでは餌資源の確保が困難であったり，あるいはメスどうしの競争が激しく，離れて暮らす必要があったのでしょう．そのオスたちは非常に広範囲に分散する複数のメスを独占することが現実的に不可能になり，次第に一夫一妻制に移行し，その結果として父親の養育行動が発達してきた，といえます．

このように考えると，メスは餌資源や他の個体からの養育補助の有無などによって，その生息範囲や群れ形成を決めることになります．一方，オスはこのように散りばめられたり，あるいは集まったりしたメスの行動に合わせて，その生息範囲が規定されていきます．なぜなら，オスにとってはメスと出合って交尾することで，その適応度を上昇させることができるのだからです．そのため，もしメスが単独生活を選んだ場合のオスの選択肢は2つ考えられます．一つはさらに縄張りを広げて，その広大な範囲に数頭のメスを囲うように他のオスと戦うという選択肢．もう一つはある個体のメスに寄り添い，そのメスの次の発情期を独占することで，繁殖機会を増やして適応度を上昇させる，という選択肢です．この後者の選択肢が，いわゆる一夫一妻制となったのでしょう．おそらくメスが繁殖期さらには養育期に分散することが先に起こり，それに従ってオスが分散し，最終的に一夫一妻制をとるようになったことを示唆する結果となったわけです．これはオスにとってはとても重要な決断となったと想像できます．一緒にいて，たくさんのメスとの交尾機会を失ってでも確実な自分の子孫をもうけるのか，チャンスを求めて広大な範囲を全力でパトロールするのか，です．

興味深いことに，霊長類では少し異なっているようです．ロンドン大学のOpieらのグループは230もの霊長類の繁殖形態を，その進化系統樹にそって調べました（Opie *et al.*, 2013）．すると，一夫一妻制をとる動物種が出現する前に，交尾した父親が他のオスからの仔殺しを防御する行動をとっていたことがわかりました．つまり，霊長類における一夫一妻制は繁殖権の独占や育仔形態によるものではなく，仔殺しの防止のために進化してきたといえます．

2.2 一夫多妻制

　オスは単独，あるいはいたとしても未成熟の少数で，多くの成熟メスがいる群れの状態を一夫多妻制といいます．オットセイ，アザラシ，シカやゴリラなどではハーレム型の群れを形成します．メスをめぐるオスどうしの激しい競争が生じやすく，競争に勝ったオスが複数のメスを独占してしまう場合もあります．その場合，オスどうしの競争に負けた個体は，繁殖のチャンスを逸することになります．一夫多妻制もいくつかのパターンに分けることができます．一つはオスが裕福な食資源や巣をもつことで，その範囲内に入るメスを交配相手とするもので，資源防御型の一夫多妻制といわれます．縄張りの良し悪しがどれだけのメスと交尾できるかに関わります．もう一つはいわゆるハーレム型の一夫多妻制です．ハーレム型では，オスが他のオスと闘争し，自分の縄張り内にいるメスとの交尾を阻止する行動に出ます．メス自体が防御の対象になっている点が上記の資源防御型の一夫多妻制と異なります．レック型の一夫多妻制では，資源とはあまり関係のない狭い場所（アリーナ）にオスが集まり，そこで必死にメスにアピールします．このアピール合戦に参加するオスのことをレックとよびます．最終的に最もアピールに成功したオスが周囲のメスと交尾するチャンスを得ることができます．このタイプの一夫多妻制は鳥類や魚類で広く観察されます．最後はスクランブル型の一夫多妻制です．スクランブル型とは，繁殖期にオスがメスに出合うと，順に交尾を繰り返す場合をいいます．オスは複数のメスと交尾しますが，メスや領土を守るような行動は観察されません．カブトガニのような，繁殖期が短く，非常に多くの個体が集合して交配するような動物で認められます．

一夫多妻制では，オスはとにかく多くのメスと交尾を試みます．交尾回数がすなわち繁殖成功と直結するかたちです．父親が養育に関わることはほとんどありません．父親が育仔に参加しないことで，仔の生存確率は低下しますが，その分，多くの子孫を設けるため，適応度は保たれることになります．一方，メスにとっては，オスからの協力（Key Word 参照）が得られない分，自分の仔の生存確率が低下することはあまり好ましいことではありません．そのため，メスは縄張りの中で集団を形成して子を守ったり，あるいは優秀なオスが守ってくれる豊富な資源環境における育仔を手にする，ということでメリットを確保しています．

　一夫一妻制と一夫多妻制は，それぞれがメリットとデメリットをもつことから，微妙なバランスのうえに成立することがわかります．このバランスのことを一夫多妻の閾値モデルといいます．たとえば一夫一妻制と一夫多妻制を混在して示す動物種もいます．カナダのホオジロの仲間，カタジロクロシトドは，オスが縄張りを形成して一夫一妻制の繁殖形態をとります．メスはオスの縄張りの中で卵を産み，育てます．ただ，オスはメスと番ったあとも，新しいメスが近づいてくれば求愛します．そのため，なかには複数のメスを囲うオスが現れます．オスが複数のメスと番う場合，メスはオスからの養育行動を受けられないというデメリットを負いますが，優秀なオスであれば，その縄張りの中で豊富な餌を手にすることができるわけです．そのため，一夫一妻か一夫多妻かの選択をメスが握ることになります．このとき，どちらに移行するかを決めるものが閾値モデルです．大富豪の部族長の第3夫人となるか，将来の見通しがまだ不明な若い男性と婚姻するか，というのもヒトにおける閾値モデルとして研究されてきています．

2.3　多夫多妻制

　群れの中に複数の成熟オスと成熟メスが共存し，複数の異性と交配するような群れを多夫多妻制の群れとよびます．この場合，母親が同じであっても，複数の遺伝的父親が存在することになります．多夫多妻制をとっていたとしても，交配相手が完全に無作為に選ばれることはほとんどありません．片方の性，と

くにメスの場合が多いのですが，相手に対する嗜好性をもち，配偶相手を選り好みします．あるいは，オスが同性間で闘争し，優位個体が優先的に（独占的ではないので，一夫多妻制とは異なります）交配します．多夫多妻制には，つがいの絆を形成せずに複数の異性と交配を繰り返す乱婚のタイプや，交配後に複数のオスやメスが仔の養育に関して協力するような社会的な多夫多妻が観察されます．

　多夫多妻制をとる動物の一部では協同繁殖という行動が観察されます．これは群れの中で，他人の仔の世話をすることです．両親以外の協力する個体が繁殖可能な個体である場合もあれば，未成熟のヘルパーとよばれるような個体である場合もあります．このような協力のある群れの様式を協同繁殖とよぶこともあります．哺乳類では南アフリカに棲むミーアキャットやセグロジャッカルなどが当てはまります．最も典型的なものは，他人の仔に対する給餌を手伝う行動です．そのほか，巣作りを手伝ったり，鳥では抱卵を手伝う場合もあります．このような協同繁殖については，群れの中がほぼ血縁で構成されており，両親でなくとも何らかの血縁関係が存在するため，包括適応度を高めるといわれてきました．これはヘルパーにとっての間接的利益があることになります．

　ヒトに近いチンパンジーやボノボの群れは，多夫多妻制に分類されます．とくにボノボでは，異性や同姓を問わずに，多くの個体間で性行為が観察されます．動物で非繁殖期に交尾行動が観察されることはまれで，ヒトとボノボくらいしか認められていません．そのことから，ボノボでは性行為が儀式化し，繁殖以外の目的，たとえば順位の確認や親和性の構築として機能していることが示されてきました．チンパンジーでは，群れの中で激しいオスどうし，あるいはメスどうしの争いが観察されます．ときにはオスどうしで殺し合いも起こります．一方，ボノボではそのような行動はほとんど観察されません．その代わりに性行為が観察されるために，おそらく平和的解決手段の一つとして，このような行為が発達したと考えられています．メスどうしの行為を"ホカホカ"とよび，オスどうしのおしりのこすり合いを"尻つけ"など，通常の性行為とは異なる行動も認められます．このようにボノボは闘争することなく，多夫多妻制を安定化した動物といえるでしょう．身体的な争いがなくなったからといって，競争自体がなくなったわけではありません．実はチンパンジーもボノ

ボもメスは複数のオスを受け入れるため，だれの仔を妊娠するかわからない状態です．そのとき，複数のオスの精液はメスの膣の中から子宮に至る過程で，泳動の競争を行っています．速く泳いで卵子に到達し，受精する精子が優秀な精子となり，次世代に子孫を残すことが可能となっているのです．このような精子における競争はトンボなどの昆虫ではいくつか観察されますが，哺乳類ではまれなことです．

2.4 ヒトの場合

ヒトは霊長類の仲間ですが，他の霊長類にはみられない特徴をもっています．その一つは広範な協力行動や利他的互恵性です．これについては後の章で詳しく説明します．ヒトの群れ，つまり社会では共通して，食物を分配し，協力する行動が認められます．他の動物と同じくヒトの社会（ここではより原始的な群れのことを意味します）でも中心となるのは家族，血縁関係です．ヒトはボノボと同様に繁殖に関係なく性行為を行います．これは女性が男性を自分の近くにとどめておくためではないかとの解釈がされています．そう考えるとヒトはその進化のプロセスでおそらくチンパンジーやボノボと同様の多夫多妻制をとっており，そこから移行したかたちを発展させたのだろうと予測できます．

動物の世界では，一夫一妻制の場合，オスメスの体格差はさほどありません．しかし，一夫多妻や多夫多妻など，オスどうしに競争が生じる場合，力の強いオスがより有意になるため，オスは次第に体格がよくなります（表2.2）．実際に一夫一妻制の場合，オスとメスの体長による体格比は1.05～1.10程度で

表2.2 群れの形態と，オスメスの体格比率（メスに対するオスの大きさ）

一夫一妻制	1.05～1.10
一夫多妻制	1.55～1.75
一妻多夫制	0.10～1.05
多夫多妻制（乱婚）	1.30～1.38

す．一夫多妻制になるとこれが1.55～1.75くらいになります．ゾウアザラシはハーレム型の一夫一妻制をとりますが，メスは500kgくらいなのに対して，オスは4倍の2tほどになります．多夫多妻制はその中間，1.30～1.38という感じです．ヒトは平均すると男性のほうが大きいですが，その比は1.08～1.12と一夫一妻制の範疇に入ります．また一夫一妻制の場合，オスどうしの競争が少なく，繁殖期の交尾回数も少ないため，精巣の機能もさほど高い必要がありません．一夫一妻制の場合の体重と精巣の重さの比を1とすれば，精子競争を行う多夫多妻制のオスは1.8～2と約2倍になります．ヒトではほぼ一夫一妻制と同じ大きさになります．これらのことからも，ヒトは多夫多妻でも一夫多妻でもなく，もっとも当てはまるのは一夫一妻制であることがわかります．ただ，オスメスの強固な絆が形成される一夫一妻制の動物と比べると，女性の相手は1人に限られるわけではなく，また男性も複数の女性と関係をもつ傾向があることから，ゆるやかな一夫一妻制といえるでしょう．

　歴史的には，ヒトが狩猟採集をしていた時代から，その群れの中には一夫多妻をかなえた男性が含まれていたことがわかります．それは村の長であったり，権力者であることが多く，他の男性ではあまりそのようなことはなかったと推察されています．女性も複数の男性と関係をもちますが，時間的にみると同時期に複数の男性と関係をもつというよりは，時間を変えて変化する，といったほうが正しい理解でしょう．そのため，一時的ではありますが，男女の間に絆の形成が認められます．相手を思い，慕い，離れることがつらい，そういう時期です．

　時代が狩猟採集から農耕に移ると，次第に男性の貧富差が大きくなっていきます．ある男性は集落の多くの土地を保有しますが，一部の男性はその下で僕として働くことになります．こうなると平等の社会ではなくなるため，先述した一夫多妻性の閾値モデルをもとに，一夫多妻となるケースが増えてきます．つまり女性にとっても，財産や資源をたくさん保有する男性の複数の妻の一人になるほうが，あまり持たない人の妻になるよりも利益が高い，という判断がされることになります．チンギス・ハーンが多くの子孫を残した，というのはこれに相当します．伝統的社会システムを調べた研究でも，一夫多妻制が認められた社会は83%にも上ります．これは権力や地位を獲得したものが法的規

制や慣習を支配することから，決して民意ではなく，ある特定の男性に有利な伝統が生まれたと解釈できます．

これらのことから，時代的には一夫多妻制となった背景は多く存在するものの，ヒトは本来，ゆるい一夫一妻制の動物である，といえます．民意が反映された文化では，一夫一妻制を敷く国家が多いことからもそのことがうかがえます．

2.5 序列とストレス

群れを形成する場合に，とくにその中に複数のオスが存在するときには，オスどうしあるいはメスどうしなどで序列が形成されることがあります．序列の機能としては，競争場面において序列をつくっておくことで，その順番に従った資源や権利の分配がなされ，無益な戦いが減ることが挙げられます．序列がなく，場面場面で毎回競争を繰り返すとすれば，その闘争のコストが高すぎる，ということです．実際に順位が確定した後は，順位の確認のための儀式的な威嚇行動だけでその場が落ち着き，実際の闘争に至ることはほとんどありません．

社会的順位には，絶対的順位と相対的順位とがあります．絶対的順位とは，場所や季節，時間に無関係にある個体がもっている強さを表し，変わることのない順位です．一方，相対的順位とは場所や季節，時間帯によって変化するものです．たとえば，縄張りをもつオスマウスなどでは，自分の縄張り内では強く，ある侵入個体を攻撃したとしても，自分の縄張り外では攻撃性が低下し，相手の縄張りでは劣位の立場で逃走する立場になる，などが相対的順位になります．ある1つの動物の集団内での個体間の優劣関係はどのような場面でも維持されることが多く，多くの場合は絶対的な順位関係と分類されます．

順位関係の形態としては，大きく分けて，直線的な順位関係と独裁的な順位関係とに区分できます．直線的な順位関係とは，ニワトリで最初に報告されました．ニワトリは順位を確認する敵対行動としてつつき行動を示すことから，より多くつつき行動を示した個体をより優位な個体と判断できます．この指標をもとに1位から2位，3位…と直線的で安定した順位関係が得られ，これを"ニワトリのつつきの順位"とよびます．一方，独裁的な順位関係は実験用

マウスの研究で報告されています．独裁的な順位関係の場合には，優位な1個体がいて，その他複数の劣位個体間には明瞭な順位関係がみられません．独裁的な優位個体を取り除くと次の優位個体が出現するようになります．ただし劣位個体間で明瞭な攻撃や威嚇が行われないだけで，実際には順位が存在するという説もあります．

　一般的には社会的集団を形成して生息する動物種では，集団内で役割分担が発達することで，群れとしての機能が高められます．たとえば，ヒトを対象とした多くの社会心理学的実験研究においてもリーダー個体が存在することで作業効率が高まることが明らかにされており，このことから，ヒト以外の動物種においても捕獲行動などにおいて，リーダー個体の存在によって集団としての統率性が高まり，捕獲効率が向上すると考えられます．また，劣位の個体が周囲への偵察行動を交代で行うことにより，集団全体の防御体制機能が高まり，かつ採餌行動を交代で行うことができるので，防御性と栄養摂取の高まりという双方の点から，序列をつくりおのおのの役割を果たすことは各個体の生存上にとっても有利になります．

　その一方で，リーダー個体や他の優位個体が集団の統率性を高めて順位を維持するためには，どうしても適切な頻度で攻撃や威嚇を劣位個体に示す必要があります．つまり，劣位個体には常に"**劣位ストレス**"がかかることになります．劣位ストレスが非常に高まった状況では，劣位個体の集団からの離脱という状況も生じます．また，優位にある個体は，餌への接近や異性への獲得という資源確保において劣位個体よりも利益が大きいことから，劣位個体が順位の逆転を目指す，いわゆる順位交代劇がみられることもしばしばあります．群れとしての集団の安定性は，集団全体の機能的行動に依存しているといっても過言ではありません．まとまった行動がとれるからこそ，群れの価値が生まれます．そのため，安定性を担保することも大事なポイントになります．優位個体の行動としては，劣位個体への攻撃や威嚇を最小限にとどめつつ，順位を確認して集団を安定した状態に維持し，集団の統率性を維持する必要性があります．群れの中で緊迫感の高い攻撃が行われることは，個々のエネルギーを費やすことになり，それだけでも損失になるほか，群れのメンバーの注意の対象が順位関係の維持に傾けられると群れの外への集団的な防衛へ向ける注意量が減

図 2.3 絶対的な独裁的順位関係を構築するツパイ
Smithsonian's National Zoo & Conservation Biology Institute, Northern tree shrew, https://nationalzoo.si.edu/animals/northern-tree-shrew

り，結果的に敵の襲来に備え損なうことにもなりかねません．社会的順位を確認する儀式的な威嚇行動が社会的集団を形成して生息する多くの動物種に発達しているのは，直接攻撃をすることのデメリットが多いことから，それを回避して集団を機能的に運営するのに役に立っていると考えられます．そして下位のものもある程度の恩恵を受けつつ存在することが大事になるため，上位個体の特徴は決して攻撃性が高いだけでは務まらないことがわかります．

　群れの順位とホルモンの関係性も多くの動物種で調べられてきました．ツパイ（図 2.3）は絶対的な独裁的順位関係を構築し，優位個体と劣位個体の間で激しい攻撃行動が観察されます．通常は劣位になるとできる限り優位個体から距離をとり，激しい攻撃行動を回避するようになりますが，実験的に劣位個体を優位個体と隣接したケージで飼育すると，優位個体からの過度の威嚇シグナルにより，劣位個体の行動と内分泌が長期的に変化します．劣位個体にとっては，優位個体の存在という感覚刺激によって状況が打破できない無力感や攻撃を受けるかもしれないという不安感に常にさいなまれることになるわけです．劣位個体は敗北経験によってストレスホルモンであるグルココルチコイドの過剰分泌を示し，行動も抑うつ的になります．最終的には性腺機能も抑制されて，繁殖障害を呈します．そのほかにも睡眠覚醒のリズムが障害され，生命活動全体の沈静化が認められるようになります．これらの症状はヒトのうつ病とほぼ同じで，たとえば抗うつ薬の投与によりツパイのうつ様行動が改善することも

知られています．劣位が持続的に続くと，脳内の海馬という部位が萎縮を始め，新たな神経細胞の誕生である神経新生も低下します．海馬の萎縮はうつ病の患者やうつ症状を呈して自殺した人たちの脳内でも認められる最も顕著な変化の一つであることからも，ヒトで認められるうつ症状の情動変化が動物でも同じように起こるのです．このような不必要な優劣関係の継続は心身の機能を破綻させ始めるといっても過言ではありません．まるでストレスの多い人間社会を見ているかのようです．

　群れの順位の形態とそれに対するストレス応答は，その動物種の順位のあり方に依存します．メスのアカゲザルでは生まれながらに順位が決まり，ほとんど入れ替わることがないことから，順位をめぐる争いやストレスはあまり生じません．サバンナバブーンやリスザル，ラットやマウスなどでは一度決まった順位は安定して存続するので，劣位個体は多少のストレス反応を生じているものの，さほどではありません．さらにこの場合，優位個体においても安定した状態が続くので，ストレスを受けることはほとんどありません．逆に順位が流動的で，常に上位の優位個体が劣位に対して威嚇行動や順位の確認作業をしなければならない動物種，たとえばマングースやリカオン，ワオキツネザルでは優位個体におけるストレス症状が高く出て，グルココルチコイドの分泌も多くなります．このように，ただ単純に劣位のものだけがストレスを受けているわけでなく，群れの構成によっては最も優位な個体がストレスを受けている場合もあります．

　上述のように，劣位の個体のストレスを受ける程度が強くなると，劣位でいることの適応度が低下してきます．厳しい優位個体のもとで劣位でいるかぎり，食資源を制限され，交配の機会を失っていきます．いくら劣位でもそれなりのメリットがなければいる意味がなくなるのです．旧世界ザルではそのような状況になると，劣位のオスは群れの外にでて，繁殖の機会をうかがうような周辺オスとして生活し始めます．あるいはオランウータンでは，劣位のオスの身体的特徴までもが変化します．若い未成熟様の行動が始まり，そのことで優位個体は未熟者だと見間違い，攻撃や威嚇を示さなくなります．劣位のオスといえど性成熟は正常に始まっているので，優位個体からの監視の目をかいくぐってメスを見つけてこそっと繁殖の機会を得ることがあります．魚類ではこれを特

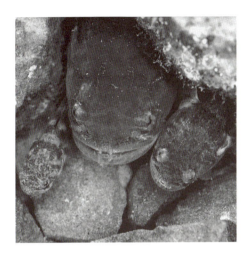

図 2.4 スニーカーオスの例,ガマアンコウ
中央が縄張りをもつ大きなオス.その左右にいるのが,メスのような容姿をしているものの,成熟したスニーカーオス.
https://phys.org/news/2018-02-fish-genes-social-behaviors.html

徴とする種も多く,これらは**スニーカー**とよばれるオスの 2 型として知られています(図 2.4).

このようにさまざまな場面における社会的順位とそれに伴う情動やストレスの影響は,種特異的でありつつも,その根幹における反応性には生物学的な基礎としての共通性が見出せます.おそらくそれはヒトの社会における序列や社会的地位に応じた情動機能の変化と同じように動物でも観察できると思われます.

2.6 融和行動

社会的集団を形成して生息する動物種の多くでは,社会的順位を確認する行動以外にも,多くの社会的行動パターンを発達させています.たとえば攻撃的な状態にある個体に対してのなだめ行動がチンパンジーをはじめ,いくつかの霊長類で認められています(図 2.5).そのほかにも複数の個体が出合ったときの親和的な**挨拶行動**,互いの情報を交換する意味をもつ匂い(嗅覚刺激)を

第 2 章　群れの構成要因

図 2.5　チンパンジーのなだめ行動
オスのチンパンジーが攻撃的になっているが，後ろから別のチンパンジーがなだめ行動を示している．
https://www.scientificamerican.com/article/humans-chimpanzees-console-victims-of-aggression/

確認する嗅ぎ行動，個体間の親密関係を示すアログルーミング（相手への毛づくろい行動）などの親和行動などがあります．このように個体間の友好な関係性を維持するための行動を融和行動とよびます．

　融和行動を解発するものとして，どのようなシグナルが他個体に送られるかは種によってさまざまで，大きく分けると音声（聴覚刺激），匂い（嗅覚刺激），行動パターン（視覚刺激および触覚刺激）によります．攻撃的な状態にある個体に対して示す服従を意味する姿勢や行動は，相手の攻撃性を抑制させる効果をもつことから，典型的な融和行動といえます．そのため相手の攻撃性を回避するなだめの表情などは，多くの動物種で種特異的な行動パターンとして発達してきています．たとえばイヌでは，攻撃的になった個体に対して，攻撃を回避するために姿勢を低くし耳を伏せる服従姿勢を示します．ラットでも攻撃を受けた個体が床にひっくり返って，お腹を見せる伏臥姿勢（supine posture）を示します．すると，それまで攻撃をしていた優位ラットは攻撃をやめ，周囲を歩くだけになります．この際，服従ラットは 22 kHz の超音波領域の音声を

出しており，これも服従行動の一つであると考えられています．チンパンジーでは，グリマスとよばれる表情があります．これは歯を見せて笑っているように見える表情ですが，攻撃的な個体に対して劣位の個体が服従のために示すものです．ヒトの笑顔の起源ともいわれている表情ですが，確かにヒトでも自分は敵ではなくて友好的です，ということを示すために笑顔になることがあります．

　攻撃をしかけた個体や受けた個体ではなく，他の第三者が示す融和行動もあります．先に紹介したように，飼育下の比較的狭い範囲で暮らすチンパンジーでは，攻撃して興奮している個体をなだめるかのように，抱擁してアログルーミングするようなしぐさが観察され，これを受けると攻撃性や興奮が鎮まります．このような行動は，なだめ行動（appeasing behavior）として報告され，飼育下において血縁関係や親和的な個体間で多く観察することができます（de Waal, 1989）．またけんかに負けたチンパンジーに対してはなぐさめ行動（consolation behavior）も認められるそうです（Webb et al., 2017）．チンパンジーのなだめ行動やなぐさめ行動は，野生下ではまだ報告がないため，生態における機能についてはまだ研究を待たなければなりません．また，なだめ行動はあまり多くの動物では観察されませんが，ストレスを受けた個体に対するアログルーミングを示す動物種は多く，これも一つのなだめ行動である可能性があります．近年，エモリー大学のラリー・ヤングはプレーリーハタネズミを用いて，なぐさめ行動の神経科学に迫りました（Burkett et al., 2016）．これについては次章以降で詳しく述べます．

▶▶▶ Q & A ◀◀◀

Q 哺乳類（ヒト以外）で，一夫一妻制と一夫多妻制が混在する例は存在しますか．また環境の変化などにより餌が増減した結果，一夫一妻制と一夫多妻制の変換は生じるのでしょうか．

A 実験動物として最も広く使われているマウスの繁殖形態は，一夫一妻制を主体とします．オスとメスが1匹ずつ，1つの縄張りに棲みますが，時にメスを2匹，

第2章　群れの構成要因

あるいは3匹同居させるような一夫多妻制も観察されています．また近年，ニホンカモシカでも，一夫一妻制と一夫多妻制の存在が示唆されています．カモシカの例では，餌が豊富な場所では一夫多妻制，餌が乏しい場所では一夫一妻制といわれています．餌が分散すると自然にメスの分布も分散します．メスが分散するとオスがそれに従って分散し，オスとメスだけの小さな群れ，すなわち一夫一妻制になります．メスの分散がどちらになるかを決めているようです．

Q　社会的順位に絶対的順位と相対的順位があり，相対的順位は場所，季節，時間帯で変化するとのことですが，たとえば，餌を求めて移動するときと敵と戦う際のリーダーが交代したり，冬と夏あるいは昼と夜で交代するということがありますか．

A　相対的順位の動物として，ブタ，ヒツジ，ハトが挙げられます．いずれも，絶対君主的な存在のオスがいるわけではなく，下位のオスから上位のオスへのチャレンジが多く行われています．餌場や移動に際して順位が入れ替わることが観察されています．ただし，これらの野生種であるイノシシや偶蹄類でも同じように相対的順位が存在するかは明らかになっておらず，家畜化あるいは閉鎖空間での可変的な形態の可能性が指摘されています．

Q　レック型はメスに必死にアピールするとありますが，そのアピールはオスの何かの優れた点を表す指標になっているのでしょうか．

A　レック型のオスの性ディスプレイは，基本的にオスに対してコストが高いものであることが多いです．つまり，オスがコストを払っていても，健康で力強く生きていることが，すなわち優秀な遺伝子をもっている個体と関連することになります．コストが大きなディスプレイをするためには，余分なエネルギーを使わなければなりませんし，そのために自分自身が弱ければ病気にもなってしまいます．そのため，これらのディスプレイは直接的なオスの優秀さを示すものではありませんが，高コストをかけるものである，という共通点があります．

3 群れの機能

　動物が群れを形成するにはいくつかのメリットが存在します．そのメリットは最終的に個体の生存確率を上昇させ，あるいは子孫の繁栄が得られるという適応度の上昇につながります．それがなければ，このような群れの形態が進化的に存続してこなかったでしょう．前章で述べたとおり，群れの形態は繁殖のありかたによって変わってきます．群れの構成員のあり方は，遺伝子をどのように継承するかということに依存して変化しますが，それだけが群れの機能ではありません．群れは個体の生存確率などにも影響することが知られています．ネズミなどの小型哺乳類は，寒いところでは固まりあうことが知られています．これはお互いの身体が熱源になり，個々の栄養をより効率よく利用できるためと考えられています．とくに変温動物であるヘビなどでは，とても多くの個体が群れる場合があります．これも1匹でいるより数個体が集まっているときのほうが，代謝を低下させることができ，エネルギー消費量を抑えることができるからです．これらは群れによる有効的なエネルギー使用といえるでしょう．
　エネルギーの消費だけでなく，エネルギーの確保も群れによって効率化することがあります．群れで狩りをする動物では，単独で狩りをする場合に比べてより大きな個体を捕まえることができます．また群れで密集して固まっていると天敵が近づけないという，個体を守るメリットもあります．群れでいると生殖のチャンスが増え，安定して子孫を残すことができます．また，群れの個体がさまざまな組合せで生殖の機会をもつことができれば，群れの中の個体の多様性が保たれ，外圧（急な環境変化）や病原体に対して耐性（生き残る確率）

が高くなります．このような群れの機能をいくつか紹介しましょう．

3.1 希釈効果

　捕食者に対抗するための動物の群れ形成の利益として，希釈効果が知られています．捕食者が1回の攻撃で1個体を捕獲するとき，全体でN個体からなる群れの場合にはある特定の個体が捕食される確率は$1/N$となり，群れサイズ，すなわちNの数値が大きくなるほど，ある個体にとっての捕食される確率は低くなります．この希釈効果の実証例が報告されています．マイワシに食べられる海棲アメンボで，群れのサイズをさまざま用意し，マイワシの捕食行動と個体が受ける危険を測定しました．すると，群れが大きいほど1匹あたりの被攻撃回数も少なく，また犠牲者数も少なくなりました（Treherne and Foster, 1982）．もちろん大きな群れは捕食者に見つかりやすく，捕食者はより大きな群れを選択的に襲うこともあるので，$1/N$ルールが常に成り立つわけではありませんが，希釈効果は自然界で実際に機能すると考えられています．希釈効果の極端な例としては，コウモリの大群がいっせいに飛び出すことや周期ゼミの大発生が挙げられます．これらは捕食者が一度に捕らえきることができないほどの圧倒的な数の群れになります．いくら捕食者といえども，そんなにたくさんを捕らえることはできません．そのため1匹あたりの被捕食率を下げる効果があり，これは捕食者飽食（predator swamping）とよばれています（Ims, 1990）．

　このような希釈効果は昆虫や魚，鳥の群れでよく観察されます．街でみかけるスズメやムクドリの群れ，イワシの群れもこれにあたります．一方，希釈効果のための群れは哺乳類ではあまり観察されません．アフリカの大地に棲むインパラなどは希釈効果があるだろうといわれていますが，実際の効果がわかりません．ただ，これらの草食動物は，天敵となる肉食動物が近くに現れると，群れ全体が一斉に逃げ出すことから，上述したコウモリの大群の例と同じ効果があるかもしれません．

　先に紹介した真社会性を示すハダカデバネズミでは，非常にユニークな希釈効果が知られています（図3.1）．ハダカデバネズミには軍隊のような役割を

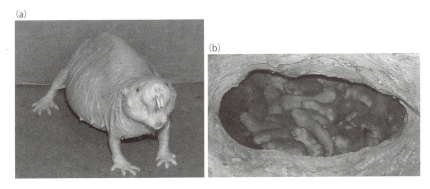

図 3.1 ハダカデバネズミ
(a) クイーン（乳腺がみえる），(b) 集団のワーカーネズミ.
https://en.wikipedia.org/wiki/Naked_mole-rat

担うワーカーがいます．アフリカの大地の地中に棲むハダカデバネズミの天敵としてヘビが挙げられます．ハダカデバネズミの巣穴をみつけたヘビが侵入してこようとすると，ワーカーがこぞって，その入口に向けて行進していきます．戦うとおもいきや，これは実は人（ハダカデバネズミ）海戦術による侵入阻止です．最初に入り口に向かったハダカデバネズミはヘビを目の前にすると，さすがに恐怖におののき，もと来た巣に戻ろうとします．しかし他のワーカーが後ろから大勢詰めかけてくるので帰ることができません．あえなく数匹がヘビに食べられ，ヘビは満足して出ていきます．このようにワーカーが犠牲になることで，巣穴の奥にいるクイーンやキング，幼齢個体は安泰，というわけです．

3.2　富の分配

　群れの機能の一つに，富，とくに食物の分配が知られています．群れによって狩りをする動物では，単独で狩りをする場合に比べてより大きな個体を捕まえることができます．また他の個体が捕まえてくれれば，自分もその分け前に与ることができます．群れの仲間の誰かが食物資源を見つけてくれることで，その情報を共有し，食物を分配することもできます．ハチにおける蜜のありかを伝える 8 の字ダンスは有名で，これによって，餌資源を群れで共有するこ

とができます．この8の字ダンスは1973年にノーベル医学生理学賞を受賞したカール・フォン・フリッシュによる発見です．

　多くの真社会性の昆虫，たとえばアリやハチで当然のようですが，見つけた食物は巣穴に持ち帰り，すべての個体で上手に分配されます．働きアリはせっせと食べものを持ち帰りますが，実はそれを自分で食べることはありません．東京大学の古藤らの研究によると，アリを1匹だけにしてたくさんの食べ物を与えて飼育しても，餓死してしまいます（Koto et al., 2015）．アリは自分で食べた食べ物は消化できず，他者からもらった食べ物だけが消化管に入るのだろうと想定されており，なんとも，食物を分配せず自分だけが食べられればいいという身勝手な個体は，アリの世界では淘汰されてきたと考えられています．

　カワセミではつがいになる際，オスがメスに大きな魚をプレゼントします．このプレゼントの大きさで，メスはオスの力量を推し量り，大きな貢物をもってくるオスとつがいになります．このプレゼントは，いわば積極的な食物の分配に相当しますが，併せて性的アピールとしても機能しています．一方，哺乳類では，積極的な食物資源の分配はあまり観察されません．大きな獲物を捕らえ，共に食べる行動は認められますが，これは他者からの食物の略奪を寛容していることになり，自らが進んで他者に自分の食べ物を分け与える行動とは区別されます．チンパンジーの観察では，母親は仔どもに餌を与えることはありません．仔どもが母親の食べているものをねだり，それに対して許容することで食物を共有します．成熟した大人チンパンジーの間ではもちろん積極的な食物分配は観察されません．京都大学の山本らの研究では，チンパンジーが協力的な行動をとることが示されましたが（Yamamoto et al., 2012），このときにも相手からせがまれれば協力するものの，自分から進んで協力することはありませんでした．一方，ヒトは霊長類のなかでも非常に顕著な食物分配を行います．未文明化社会を観察した研究では，母親は自分の子どもに対して食べかけたものを口から出して分け与えます．年上の兄や姉も弟妹に食物を積極的に分け与えます．血縁関係にあれば，このような食物分配は普通に観察することができます．このような社会構造はヒト特異的であると考えられ，ヒトがヒト特異的な社会をつくってきた機能の基盤と考えられています．

　このような食物分配と親が仔に与える給餌は区別して研究されてきました．

たとえば多くの鳥類では親鳥がヒナに対して食べ物を持ち帰って与えます．アフリカのビクトリア湖に棲むシクリッドでも同じような行動が観察できます．またイヌ科動物では，親が巣穴に帰ってきたとき，仔犬たちに食物をせがまれると，食べためてきた食物を吐き戻して与えます．このような親仔間で認められる給餌行動と食物分配が同じメカニズムによるものかどうかはまだ研究はされておらず，今後の成果を待たなければなりません．とくに食物分配に関する神経科学的な研究は立ち遅れていますが，母性や社会的親和性に関与する**オキシトシン**（Key Word 参照）がその候補となっています．野性のサルを調べた研究で，尿中のオキシトシンの濃度が高いサルほど他者からの食物のねだりに対して寛容で，それを他者に分け与えることがわかっています（Wittig et al., 2014）．今後，協力行動の起源的な機能といわれる食物分配の神経メカニズムが探求されることで，ヒトがヒトとなった特異的な脳機能が明らかになることが期待されます．

3.3 不平等をきらう

　群れの中で食物分配が成り立つと同時に，不平等への嫌悪が観察されるようになります．つまり，共に協力して勝ち取った食べ物をだれかが独占するようなことがあれば，協力した他の個体が攻撃的になったり，興奮してあたかも不平不満を言うような行動にでます．このような行動を**不公平忌避**（inequity aversion）とよび，これまで霊長類を中心に研究されてきました（Brosnan and de Waal, 2003）．通常は，向社会的に振る舞い，他個体をもてなす個体は，群れの他の個体から何らかのかたちで見返りを確保しなければなりません．やみくもに向社会行動を続けると損失ばかりが大きくなり，向社会行動を続ける意味がありません．そのためには，群れのメンバーと公平な資源の分配が必要となります．自分に不利な場合にみられる不公平忌避は，群れの中でやり取りをするパートナーを選択する際に役立つでしょう．群れの中でサボる相手に利益を分配しても意味がないわけです．有名なフサオマキザルを用いた研究では，他個体のみが自分と比較して高価値の報酬を得る状況での行動が報告されました．この実験では，実験者はサルにトークンを渡し，サルがそのトー

クンを返したら報酬として食べ物を与えました．被験体は常に実験者と交換課題を行い，好きではあるものの大好きではないキュウリ（低価値）を得ることができました．一方，隣にいる他個体は，被験体と同じようにトークンを交換して，キュウリを得たり（公平な条件），サルの大好物であるブドウ（高価値）を得たり（不公平条件）しました．つまり，同じ課題を達成しても相手のほうが自分よりもおいしいものをもらうのを見せつけられたわけです．すると見せつけられたサルは，公平条件でよりも不公平条件で，有意に多くのトークンを交換したり，場合によっては食べ物の受け取りを拒むことまでありました（Brosnan and de Waal, 2003）．つまり，同じ交換課題をしたにもかかわらず，隣の個体が自分よりも価値の高い報酬を受け取るという不公平な状況を見ること自体が許容でなくて，自分の課題の達成も障害されるほど情動変化が生じたことになります．イヌでも同様の実験が試みられました．ウィーン大学のRangeらのグループは，イヌにお手をさせ，ご褒美を与える実験を行いました．イヌが1頭で実験しているときには，たとえばご褒美のおやつを与えなくても，しばらくの間，イヌはお手を続けました．しかし，隣に別のイヌを連れてきて，そのイヌはお手をするたびにご褒美をもらっているのを見ると，被験個体のイヌはたちまちお手をするのをやめました（Range *et al.*, 2009）．つまり，他のイヌがご褒美をもらっているのに，自分は同じことをしてももらえない，ということが不快だったと考えらえます．このような不公平忌避は，チンパンジーやカニクイザル，アカゲザルでも報告されています．群れで生活する動物にとって，大切な資源をお互いに分配するのは重要なことで，その平等性が守られない場面に対して抵抗することがわかります．

　ヒトは，自分が相対的に不利な場合の不公平を忌避するだけでなく，自分が相対的に有利な場合の不公平をも忌避する特徴をもちます．このように自分の利益を減らしてまでも，他者と平等である状態を好む傾向は他の動物では認められません．相手が有利な報酬を得ている場面を嫌悪することは，直接的に自分が損をするため，進化の過程で広く保持されているのでしょう．一方，自分だけが得をする場面を嫌うことは，つまり自分が相手からよく思われていない，協調性が低いと評価されることを嫌っていると考えられています．このような相手が自分をどのように評価しているかを想像する能力はヒトに特徴的な能力

のため，動物では認められていないのかもしれません．このような能力は他者視点の獲得といい，"心の理論"として古くから心理学系の研究対象でした．詳しくは 7.7 節「ヒトの特異性」で述べます．自分が有意であることを嫌悪する傾向は，自分より相対的に低い立場にいる他者を助けることになるので，向社会行動を直接促進する役割を担っています．ヒト社会で援助行動が広範に観察されるのは，このような背景があるのかもしれません．

群れ全体の機能が向上することで，個体の利益も上がることが想定されますが，群れの中には群れに貢献せずに，他の個体から向けられた利益に頼る個体が出現します．これはフリーライダーとよばれ，人間社会でも問題とされる人たちです．近年の認知心理学の研究により，ヒトではフリーライダーを敏感に検知するシステムをもつことがわかりました．つまり，"タダ食い"自体が社会にとって不利益となるため，それを検知し，排除する心理メカニズムが進化してきたと考えられます．集団行動を営むアリの観察でも，5％程度が働かず，巣の中で餌をもらうだけの生活をしていることが報告されました．このように一見，フリーライダーのアリですが，外で働いているアリが何らかの影響で全滅すると，すぐさま働きアリになり，外で活躍するようになります（Hasegawa et al., 2016）．アリの場合，フリーライダーはどちらかというと個体のスペアとして細く長く維持されている個体形質なのかもしれません．

3.4 絆形成と社会的緩衝作用

シリアハムスターのように単独で生活する動物もいれば，ヌーのように非常に大きな群れで生活する動物もいます．群れで生活する動物を隔離し単独生活させると，強いストレスがかかります．たとえば，群れで生活するヒツジを群れから離すと，群れに帰るまで鳴き，動き回り，心拍数も増加し，ストレスホルモンが上昇します．このヒツジを群れに返すと，とたんにこのようなストレス応答は消失します．つまり，群れでいることは，ストレスを軽減させる機能をもつことが知られており，社会的緩衝作用（Key Word 参照）とよばれています（Kikusui et al., 2006）．群れでいることでのストレスの社会的緩衝作用は，見知らぬ個体間よりも親和的関係性，とりわけ絆を形成している個体間

でより顕著に観察できます．つまり絆形成の神経機構と社会的緩衝作用の神経機構が共通な神経基盤の上に成り立っていると仮定できます．

　生物学的な絆は心理的な機能です．そのため，直接的に観察することが難しい概念上の関係性といえます．しかし，動物では心理尺度を測定することができないので，行動学的あるいは生理学的な指標を用いて，その存在を調べる方法がつくられてきました．たとえば絆が形成された個体どうしを物理的に隔離すると，ストレス指標である血中のグルココルチコイドの濃度が上昇します．また，絆が形成された個体どうしを分離後に再会させることでストレス応答が軽減します．このように社会的緩衝作用は絆の形成の有無の一つの指標としても使われます．社会的緩衝作用の強さは個体どうしの親和性の強さに依存するため，母仔間のような絆のある個体間で最も強い効果をもちます．このような母仔間の結びつきの重要性はジョン・ボウルビーによる"アタッチメント理論（attachment theory）"として提唱されました．アタッチメント（愛着）行動とは，「幼弱な個体が不安やストレスを感じたときに擁護者に対して身体的ならびに心理的に寄り添い，その不安やストレスを軽減させるための行動」と理解されています．たとえば，赤ちゃんが抱っこしてほしくて泣きだす，という場合の泣くという行動は，アタッチメント行動になります．特筆すべきことは，アタッチメント行動を受けた擁護者の果たす役割として，安全基地（secure base）が述べられていることです（Bowlby, 1969）．つまり，擁護者とは，幼弱個体が擁護者のもとでは安心して守られている，という安心を得るための対象であるというものです．実際にその後の研究によりヒトを含めた哺乳類の母仔間において社会的緩衝作用が観察され，母は仔のストレスを軽減できることが報告されています．

　オキシトシンは哺乳類のさまざまな生理機能を調整しますが，その役割の一つとして社会的緩衝作用が挙げられます．心身へのストレスはストレス応答系であるHPA（視床下部-下垂体-副腎）軸（Key Word参照）を活性化させますが，同時に視床下部室傍核のオキシトシン神経も活性化します．末梢性または脳に分泌されたオキシトシンは以下のような3つのレベルによってHPA軸の活性を抑制することが示唆されています（Kikusui et al., 2006）．まず，視床下部室傍核のオキシトシン神経が軸索を投射している下垂体後葉から循環血

中に放出された末梢性のオキシトシンは，副腎に作用してコルチコステロイドの分泌を抑制することが知られています．Jean-Jacques Legros らは，ヒト男性では副腎皮質刺激ホルモン（ACTH）の投与によるグルココルチコイドの一つであるコルチゾールの分泌がオキシトシン投与により抑制されることを示しています（Legros et al., 1988）．また循環血中のオキシトシン濃度が生理的に高い状態にある授乳中のラットでは，副腎皮質刺激ホルモン放出因子（CRF）投与による ACTH 分泌反応が通常よりも減少することから，末梢性のオキシトシンは下垂体にも作用して CRF による ACTH 分泌反応も抑制することが考えられています．最後に，脳に分泌されたオキシトシンは，視床下部での CRF 活性を抑制する作用が示されています．たとえば，オキシトシンの脳室内投与は身体的ストレスに対する CRF の mRNA 反応を減少させます．この CRF mRNA の減少は脳内におけるオキシトシン濃度が生理的に高い状態にあると考えられる授乳中のメスラットでも同様に観察されます．さらにヒトでは，経鼻投与によってオキシトシンを脳に直接作用させられることが示されていますが，心理的ストレス負荷による情動およびコルチゾール分泌反応はオキシトシンの経鼻投与によって低下することも報告されています．このことから，親和的な他個体との接触などを含むやり取りがオキシトシン活性を上昇させ，結果としてストレス反応を軽減すると考えられています．

　社会的緩衝作用にはストレス反応を低下させるだけでなく，不安を軽減する作用があります（Kikusui et al., 2006）．この不安軽減もオキシトシンによる可能性があります．扁桃体はヒトを含めた動物の情動を制御する中枢で，不安や緊張，攻撃などの行動を司ります．扁桃体内部にもオキシトシン受容体が発現し，さまざまな行動反応を制御していますが，その一つが不安軽減効果です．オキシトシンを脳室内に投与された動物では不安行動が低下すること，また授乳中のメスラットは脳内のオキシトシン神経系が強く活性化していますが同時に不安行動の軽減が認められることなどから，オキシトシンが扁桃体に作用することで，不安行動が軽減されると考えられています（Kikusui et al., 2006）．またオキシトシンが扁桃体に作用すると自律神経系における交感神経系の活性が抑制されることなどから，社会的緩衝作用による緊張軽減にもオキシトシンの関与が考えられています．ヒトでは，母親から娘へのやさしい声

掛けが緊張状態にある娘のオキシトシンの放出を促進し，不安感情を低下させるとともにストレス反応を減少させることが示されています．

　また社会的緩衝作用には，痛みの軽減効果も知られています．痛みを受けている動物の傍らに親和的な個体がいると，痛み行動が低下します．この他者の存在による痛みの軽減にもオキシトシンが関与するかもしれません．そもそもオキシトシンには鎮痛効果があることが知られています．これはオキシトシンが後根神経節という痛みの情報を伝達する神経核に作用し，痛み伝達を弱めるためであることが明らかとなっています（Schorscher-Petcu *et al.*, 2010）．"手当"という日本語がありますが，これは現在，支援活動や給付という意味合いでも使用されている言葉です．由来の一つは医学的な治療を意味したものでもありました．つまり，手を当てることで治療効果があることを暗示したものと考えられています．手を当てるなどの親和的な身体接触は脳でのオキシトシン神経系を活性化させることが報告されています．つまり，手を当てることにより脳でオキシトシンが分泌され，痛み伝達を低減させることが語源であるのかもしれません．子どもが怪我をした際に「痛いの痛いの飛んでいけ」と言って患部付近を触る行為はまさしく社会的緩衝作用であり，オキシトシンの効果である可能性が考えられます．

3.5　群れにみられる社会情動の起源

　動物はそれぞれの群れの中で適応的な行動をとり，安定した社会生活を営みます．安定した社会生活を送るためには，その群れの中で統率された行動をとる必要があります．ある場合は，役割が分担されたり，あるいは社会的階層をもつことで，優位な個体と劣位の個体で行動のレパートリーを変化させたりもします．このように，群れがある程度安定化することで，群れをなすことのコストを軽減させ，結果的に個体の利益を高めることができます．最も顕著な動物は社会性昆虫で，アリやミツバチなどがその代表例です．哺乳類でも真社会性をとるハダカデバネズミや，大きな集団で暮らすミーアキャットなどでは，このような群れの役割に応じた行動を観察することができます．つまり群れ行動とは，群れの中の社会的立場に準じた行動，とも言い換えられます．興味深

いことに，多くの社会行動はホルモンの制御下にあり，性行動や攻撃行動，親仔の関係性，優劣関係がホルモン依存的に成り立つことがわかってきました．ホルモンの作用，とくにステロイド骨格をもつような核内受容体に作用するホルモンの効果は緩やかな時間経過を要します．神経伝達物質やホルモンなどは，受容体を介して細胞の機能を変化させますが，その受容体の多くは細胞の表面に出ています．受容体が細胞の外と中をつなぎ，情報のやり取りをしているわけです．ところが，核内受容体は細胞の中に存在しています．ステロイド骨格をもつ脂溶性の高いホルモンは細胞膜を通り抜けることができるので，細胞の中で受容体と結合し，その作用をひき起こします．具体的には，受容体とホルモンが結合して，その複合体が核内に移動し，遺伝子発現を直接的に変化させることなどです．遺伝子の発現から細胞の機能変化まで時間を要しますし，一度結合した複合体はなかなか解離しないので，作用が長いことが特徴です．このことは，ホルモンが行動の発現の際に瞬時に作用するというよりはむしろ，長い時間軸のなかにおける，適切な行動発現の推移を制御するといってもよいかもしれません．たとえば，幼若個体から性成熟を迎えるときに分泌される性ホルモンは，オスらしさ，メスらしさを形成し，成熟後はオス型やメス型の行動発現を制御します．また妊娠したメスにおけるホルモンの変動は脳に作用して養育行動への推移を促します．このように，生活史に応じた活動の時期や群れの中における役割の特異性を担っているのがホルモンのはたらきと考えられます．そしてこのような生命活動の時期や社会的な役割によって，外界の刺激に対する情動反応性も大きく変容します．たとえば，未経産のマウスでは仔マウスの発する鳴き声に近づくなどの反応を示しませんが，出産を経験すると，仔マウスの声に対して接近行動し，懸命に仔マウスを探す行動を示します (Okabe *et al.*, 2013)．

　ヒトや動物の情動を制御するシステムが脳に存在することは，おそらく疑いのないことです．脳の機能の最も重要な機能は行動を起こすことであり，行動が複雑に制御されるにつれて，脳は肥大化してきていると考えられています．情動は，行動を起こすための外界からの刺激によって喚起された内的な動機づけの一つです．ヒトの複雑で洗練されたさまざまな情動の起源を動物に求めるとき，それはおそらく学習されたものに加え，社会行動のようなある種の多個

体との関わりにおける適応的行動のなかに見出すことができるはずです．なぜなら情動の機能自体が進化の過程で獲得された適応的反応であり，動物がお互いに関係しあうような場面においても重要な役割を担うからです．動物のなかで観察される多くの社会行動，たとえば母を求めて鳴く幼齢個体や，仔に対して温かい養育行動を示す親，メスをめぐり闘争を続けるオス，意中のオスと交尾に至るメス，つがいを形成し常に寄り添うオスとメス，これらの動物の行動の背景にある神経回路や分子を見出すことは，おそらくヒトにおける情動の起源を見つけることと重なってくると思われます．

　群れにおいて獲得された機能の一つである社会情動に関して，以下の章ではそのいくつかを取り上げ，それを支配するホルモンや神経系に関して述べます．とくに情動の起源に関わると思われる社会行動──愛情を注ぐ養育行動，絆の形成，絆の仲間から離されることによる恐れやストレス経験，異性に対する性的覚醒と情熱，縄張りや異性をめぐる闘争──に焦点を当てます．

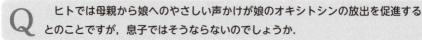

Q 群れで生活する動物を隔離し単独生活させると強いストレスがかかるとのことですが，生まれてから1匹で育てた場合はどうなのでしょうか．

A 一般的に哺乳類であれば，生まれてから1匹で育てることは不可能です．生まれたての新生仔は，母親の養育，とくに授乳を受けなければ生きていけません．それだけではなく，ヒトを含めた霊長類では，身体的接触が制限されて育つことで，精神的に異常な状態に育つことが知られています．そのため，成熟後の単独生活ではストレス状態になる程度ですが，幼少期の単独生活は"異常"をきたします．動物実験の倫理規定でも母仔分離を含むものは「過度のストレスを与えるもの」に分類されています．基本的には「生まれてからの1匹生活は成り立たない」と考えてよいと思います．

Q ヒトでは母親から娘へのやさしい声かけが娘のオキシトシンの放出を促進するとのことですが，息子ではそうならないのでしょうか．

A その論文のなかでは，残念ながら息子では調べられていません．ただ，社会緩衝作用を調べた研究では，親の存在により少年も少女と同程度の緩衝作用を受け

ることが知られているため，同じようにオキシトシンが放出される可能性があると思います．

4　母仔間の絆

　母親の存在は，とくに哺乳動物では栄養学的な知見からも，仔が生き延びるためには必要不可欠なものです．仔は生まれながらにして母親を認知し，母乳を探り当てることができます．ヒトでも生まれたばかりの新生児を母親の腹部に置くと，目が開いていないにもかかわらず自分で這い上がって，乳頭に吸い付く能力をもっていることから，哺乳類全般で仔からの吸乳が母仔の関わりの最初といえます（Porter and Winberg, 1999）．このような仔からの活動的な接近行動はアタッチメント行動として機能し，母親の母性を育みます．たとえば，ラットやマウスは多産で，1 回の出産で 8 匹前後の仔を産みます．時に 2 匹あるいは 3 匹程度しか生まれない場合がありますが，このときには仔からの出産直後の吸乳刺激が弱いため，母性行動が誘起できず，母親は仔を見捨てて食殺することにつながります．このような産仔数が少ない場合でも，隣のケージでたまたま同時期に生まれた仔を移動させて，たくさんの仔からの刺激を受けるようにすれば，母性は正常にスタートします．つまり，母性は仔からの元気なアタッチメント行動が育てていることになります．一方，母親からの養育行動は仔の身体的な成長とともに社会性を育んでいきます．仔が親を育て，親が仔を育てる，という双方向性の関係性が成立し，その過程を経ながら絆が生まれます．このためほぼすべての哺乳類において母仔間の絆は普遍的にみられる関係性といえます．この絆の形成は生得的なものだけではなく，母と仔の双方から発せられる視覚・触覚・嗅覚・聴覚・味覚（五感）などの感覚系を介したシグナルのやり取りの経験が重要となります（Nagasawa *et al*.,

2012).母仔間の絆形成において,齧歯類などの動物実験から皮膚接触の刺激はきわめて重要だと考えられています.また,母仔双方から発せられる音声や匂い,とくにヒトでは視線を用いた**コミュニケーション**(Key Word 参照)の重要性が知られています.絆が形成されれば,上記のとおり,社会的緩衝作用によって幼若個体を過剰なストレスから守ることができるようになります.母仔間の関係性は一時的な効果だけではありません.安定した養育環境を過ごすことで,仔は正常な情動や社会行動を発達させることができます.たとえば幼少期の母仔間の絆形成が略奪されたアカゲザルでは,成長後の親和行動の障害が認められ,さらに他個体のストレス反応を減弱させる社会的緩衝作用に関わる機能も低下します(Winslow *et al.*, 2003).このことから母仔間の関係性は,情動や社会性の発達にも関わる大きな要因といえます.

　この母仔間の絆の形成において,神経ペプチドでありホルモンであるオキシトシンは,たいへん重要な役割を担います.オキシトシンの機能に関しては 4.3 と 4.4 節で詳しく述べます.

4.1　アタッチメント行動

　アタッチメント(愛着)行動とは,特定の対象との近接によってネガティブな情動を軽減するための行動システムです.典型的には,母仔間のような幼若-擁護者の関係性において,仔が親を引き寄せ,自身のストレスや不安を軽減させるための行動といえます.多くの哺乳類の仔は体温調節や運動機能が未熟な状態で生まれてくるため,生後間もないころから親の養育行動を惹起するためにさまざまなアタッチメントシグナルを発します.そのなかで,仔がもつ特有の嗅覚シグナルは親が仔を認知するためによく用いられます.ヒトでも,お母さんがわが子の匂いに対して特異的な情動をもつことが明らかになっており,哺乳類共通で,母仔間における嗅覚シグナルのやり取りの重要性が見出されています.

　たとえば,ヒツジは比較的大きな群れで生活する季節繁殖動物です.このような動物では,一斉に出産するため,自分自身の仔をほかのヒツジの仔と見分けて育てなくてはなりません.ヒツジは自身の仔をほかの仔と識別し,ほかの

仔が乳房に近づくのを激しく拒むようになります．このような養育行動の選択性は出産後，仔に付着している羊膜の匂いを人工的に洗い流すことで消失します．また，羊膜の匂いを自身の仔ではないほかの仔に付着させると，その仔に対して養育行動を示すようになります．このことから，自分の仔への選択的養育行動には，仔からの嗅覚シグナルを母親が記憶することに依存していることがわかります（Kendrick et al., 1992）．同様の現象はブタなどでも報告されています．家畜などの大動物と同様，齧歯類でも仔の認知において嗅覚シグナルは重要となります．とくに初産のマウスは仔から発せられる嗅覚シグナルによって養育行動が誘起されます．たとえば，初産のメスマウスの嗅球（嗅覚シグナルを受容する領域）を除去すると適切な養育行動が発現せず，仔殺しが観察されます．その一方で，すでに育仔をしたことがある母マウスでは嗅球を除去しても養育行動の発現は阻害されません．また，興味深いことに，たとえ初産のメスマウスであっても，出産前に実験的に何度も他の仔に曝露しておくことで，嗅球除去による養育行動障害はみられなくなります（Seegal and Denenberg, 1974）．このことから，育仔を初めて経験する場面では，嗅覚シグナルは養育行動の発現にきわめて重要な役割を担っていますが，その後に育仔を経験することで嗅覚シグナル以外，たとえば聴覚シグナルなどを頼りに養育行動を上手に発現できるようになると考えられます．

　仔が発する聴覚シグナル，すなわち仔の鳴き声も嗅覚シグナル同様に養育行動を誘起します．聴覚シグナルはその性質上，離れて姿が見えなくなってしまった親をすぐさま呼ぶのに適しており，ヒツジやブタなどの親は，仔の鳴き声を頼りに離れた仔のもとに近寄っていきます．齧歯類の仔も巣や親から隔離されると幅広い超音波領域の音声を発します．母マウスは分離された仔マウスが出す超音波に接近行動を示し，仔マウスを探索するような行動を見せます．この接近行動は，人工的に超音波の周波数や持続時間を変更すると消失することから，母マウスは仔マウスの発する超音波音声の特徴を知り，それを手がかりに仔マウスを探して巣戻し行動を示すと考えられています（Uematsu et al., 2007）．また仔マウスの出す鳴き声は，出産経験や育仔経験のないメスマウスでは接近行動が観察されませんが，交尾経験や育仔経験を経ると仔マウスからの超音波への反応性が認められるようになります．この仔マウスの超音波音

声への反応性の上昇と並行して，仔マウスを巣に戻す行動も観察されるようになることから，仔マウス超音波への反応性と養育行動の発現がほぼ同じメカニズムによることが示されています（Okabe et al., 2010）．近年の神経細胞を対象とした電気生理学的研究によって，育仔経験のないメスマウスの聴覚野では，仔マウス超音波に対して神経細胞は高い活性を示さないものの，母マウスになると特異的な活性を示すことが報告されています（Marlin et al., 2015）．このことから，仔マウスの鳴く声に対しての反応性は，養育経験を経て，聴覚野の感覚受容細胞の可塑的変化を伴うことが明らかにされつつあります．

仔が発する嗅覚シグナルや聴覚シグナル，そのほかのシグナルはそれぞれ別個に機能することも可能と思われますが，複合的に受容されることで母親はより強く仔を認知し適切な養育行動を示します．たとえば，ラットの母親は仔ラットの発する嗅覚シグナルが提示されていると，仔ラットの発する超音波音声に対してより顕著な接近行動を示します．また，ヒツジも仔が発する聴覚シグナルと視覚シグナルを複合的に認知することで，自身の仔をより正確に識別できることが示されています．近年，マウスを用いた研究でも，嗅覚シグナルを受容すると仔マウス超音波に対する聴覚野の神経活動が増加することから（Cohen et al., 2011），複数の仔マウスからのシグナルを受け取ることで，養育行動誘起の神経回路がより強く発動すると考えられています．

以上のように仔から母個体へ伝達されるシグナルにはさまざまなものがあり，そのいずれもが養育行動の惹起に寄与していることがわかります．すなわち仔のアタッチメント行動とは親にさまざまなシグナルを発することで，親の養育行動を促進させる行動ととらえることができます．今後，それぞれのシグナルが養育行動を惹起する神経メカニズムが脳内のどの領域で統合され，養育行動の発現にまで結びつくのか，という研究が待たれます．

4.2 養育行動

親個体から仔へ伝達される社会的なシグナルは，養育してくれる親の存在を知るために必須であり，仔の生存にとって不可欠なものです．そのため，仔は生得的に母親が発するシグナルを頼りに母親への接近行動やアタッチメント行

動を示します．多くの哺乳類において乳房付近から分泌される嗅覚シグナルは仔を惹きつける効果があります．また，仔は授乳を通して乳房付近の嗅覚シグナルを頼りに自身の親を記憶し，他の成熟個体と識別するようになります．一方，哺乳類において親個体が発する聴覚シグナルの認知に関する研究は少なく，その神経機構についてもほとんど明らかにされていません．しかし，母仔を分離したときに母親が発した音声を録音・再生した実験によると，ブタやヤギなどの仔は母親の音声に特異的な反応を示す報告があります．齧歯類の成熟したオスとメスの個体どうしも音声コミュニケーションを盛んに行うことから，母仔間においても音声コミュニケーションが行われている可能性がありますが，今のところ母親から仔に向けた音声発生は確認されていません．

　母親から仔へ発せられるシグナルのなかでとくに触覚シグナルは，仔の発達にきわめて大きな役割を担うことがわかっています．ラットやマウスなどをモデルとしたこの研究領域のパイオニア的存在は，マギル大学のミーニーらの研究グループです．彼らは母ラットから多く毛づくろいを受けたり舐められたりした仔ラットは成長後にストレス耐性が高まり，不安行動が低下することを発見しました．さらに，このラットはあまり毛づくろいされなかったラットと比較して海馬のグルココルチコイド受容体の発現量が多いこともわかりました (Liu et al., 1997)．ストレスを受けるとHPA軸のストレス内分泌を司る反応が活性化しますが，海馬に発現するグルコルチコイド受容体は副腎から血中に放出されたコルチコステロンと結合し，CRF分泌ニューロンに抑制性の情報を伝達することで，HPA軸活性の負のフィードバックの要として機能します．すなわち，母親からの毛づくろい行動を多く受けることでグルココルチコイド受容体の発現量が増えると，ストレス反応系の負のフィードバックが強く作用し，ストレスに対してより強くなります (Liu et al., 1997)．また，母ラットからたくさんの毛づくろい行動を受けると，不安や攻撃といった情動の中枢である扁桃体におけるGABA受容体の発現量が増加していることもわかりました (Kalynchuk et al., 1999)．GABA受容体は抗不安薬であるベンゾジアゼピン系薬物が結合する受容体であり，その受容体が増えたことで不安が低下したと考えられます．このような脳における一連の変化は，幼少期の母から受けた毛づくろいによって，変化した分子のDNAのメチル化によるものであるこ

とが近年の分子生物学的研究で解明されています（Weaver *et al.*, 2004）．DNA のメチル化とは，遺伝子の後修飾（エピジェネティック）機構の一つです．遺伝子の後修飾とは，親から引き継がれた遺伝子がすべて同様に発現するのではなく，細胞ごとに，さらに環境や経験によって遺伝子発現が調節されることです．その分子メカニズムの一つが DNA のメチル化です．すなわち，養育行動が仔の遺伝子発現頻度を後天的に修飾することが明らかとなったわけです．

同じような実験系に，母仔分離モデルが知られています．母仔分離モデルでは，生まれてから最初の 2 週間の間，毎日 5 時間から 8 時間，仔ラットを母ラットから分離します．母仔分離され，低レベルの養育行動しか受けなかった動物は成長後も高い不安行動，ストレス応答を示し，また学習能力や記憶力の低下が生じることが確認されています（Plotsky *et al.*, 2005）．この母仔分離の効果が，人為的に毛づくろいを真似た刺激を与えることで回復することから（Liu *et al.*, 2000），毛づくろい行動の略奪が最も影響を与える因子であろうといわれています．この毛づくろい行動の略奪も，大脳辺縁系を含む広範な脳領域に後天的な修飾が加わっていると考えられます．また，授乳初期だけではなく，仔が自身である程度餌を食べることができるようになってから早期離乳させて母仔間を障害しても，同様に成長後の不安行動が増すことが報告されています（Kikusui and Mori, 2009）．このことから，母仔間の関係性は新生仔期だけではなく，授乳後期においても維持され続け，仔の発達に大きく作用すると考えられます．しかし，母仔間相互作用（アタッチメント行動と養育行動）によって生じる生物学的絆がどのようなシグナルにより構築され，いつ頃まで維持され続けるのか，その全容を解明するためには更なる研究が必要でしょう．

4.3 オキシトシンの作用

性経験や育仔経験のない齧歯類のメスは出産前，仔マウスや仔ラットを忌避することがあります．その後出産を経るとただちに養育行動を示すよう，母性行動を獲得します．このような劇的な行動の変化をもたらす要因として妊娠や出産に伴って変化する内分泌の機能，とくにエストロゲンやプロゲステロンの

動態と，その受容体分布の変化が知られています．その脳内の部位として，視床下部の視索前野の内側部（mPOA）が知られています．この部位には**オキシトシン**の受容体の発現も多く，オキシトシンの受容体が分娩前のエストロゲン上昇によって増加することが明らかとなっています．たとえば，オキシトシン神経細胞が多く存在する室傍核（PVN）の破壊やオキシトシンの作用阻害薬を分娩後のメスラットに投与すると養育行動の発現が阻害されることから，養育行動の誘起には，オキシトシンの分泌が必要であり，PVN で産生されたオキシトシンが mPOA に運ばれて作用することで，母性行動が誘起されると考えられています（Okabe et al., 2017）．

妊娠や出産に伴って変化する内分泌の機能だけが母性行動の発現を促しているわけではありません．齧歯類では，メス個体が仔との触れ合いによって得られる**接触シグナル**が養育行動の発現と維持に重要であることもわかっています．たとえ分娩を経験していても，その後に仔を隔離し，母親と直接接触できないようにしておくと，仔に対する反応性が 1 週間程度で減少していきます（Fleming et al., 1999）．このことは，分娩後の養育行動の維持には，母親と仔が身体的に接触する必要があることを意味します．とくに仔から母親の乳房への**吸乳シグナル**は乳汁射出を刺激するためにオキシトシンの分泌を増加させますが，このとき分泌されたオキシトシンは，抹消血中を介して作用するだけでなく，中枢神経系にも作用して養育行動の発現も促します（Okabe et al., 2017）．また毛づくろいなどの接触シグナルでもオキシトシンの分泌が生じることから，オキシトシンが母仔の接触と高レベルの養育行動の維持を仲介していると考えられます．このことからオキシトシンは母仔間の関係性，とくにアタッチメントと養育の経験依存的な行為を介した絆の形成の中心的役割を担うと考えられています（Nagasawa et al., 2012）．

母仔の接触シグナルと比べると，仔マウスが発する嗅覚，聴覚シグナルが養育行動の維持にもたらす効果は小さいかもしれません．しかし，これらのシグナルは養育行動の惹起とそれを向ける対象の決定や場所の同定には大切な役割を担います．とくに嗅覚シグナルは母親を惹きつけるだけでなく，自身の仔の記憶を母親に形成させる役割を担いますが，ここにもオキシトシンが関与しています．分娩や吸乳の刺激により母親の脳内で放出されたオキシトシンの一部

は，嗅球に到達して神経細胞を興奮させます．このときに仔の嗅覚シグナルが嗅球に入力されることで，仔の匂いに選択的に反応する神経回路が形成され，この"記憶"を頼りに自身の仔に特異的な養育行動を呈するようになります（Kendrick, 2004）．このような個体識別能力と記憶形成は絆の形成に重要です．先に紹介したヒツジの親仔では，出産 24 時間以内に仔の匂いを嗅ぐと母親は自分の仔の匂いを記憶しますが，このときにも出産に伴う産道刺激により視床下部で分泌された大量のオキシトシンが嗅球に作用し，仔ヒツジの匂い記憶の形成に関与することがわかっています．この出産 24 時間以内という感受期はきわめて厳密に制御されているようで，この間に仔の匂い刺激への曝露を妨げる，あるいは嗅球にオキシトシン阻害薬を投与して記憶形成を阻害すると，母ヒツジは仔を拒絶するようになります（Kendrick, 2004）．仔が親の匂いを記憶するメカニズムはあまりわかっていませんが，親個体と同様に吸乳時にオキシトシンが分泌され，記憶が形成されると想定されています．

母子間におけるアタッチメント行動の発現にもオキシトシンが関与します．たとえば，ラットの幼若個体にオキシトシンを投与すると，母親から分離されたときに発声する超音波の発生回数が減少することが報告されています（Insel and Winslow, 1991）．このことから，母親との接触によるオキシトシンの分泌上昇が仔に安寧効果をもたらし，結果として鳴き声が低下するようです．このようにオキシトシンは母親の養育行動と仔のアタッチメント行動の両方を制御することで，状況に応じた母仔の適切な行動発現を調整し，より強固な生物学的絆を形成する要として機能していると考えられます．

近年の分子遺伝学研究は，これまでの技術ではなしえなかった神経メカニズムの解明に寄与してきました．オキシトシン分子あるいはその受容体の遺伝子を欠損したマウスでは，個体識別能に障害が認められ，出合った相手を覚えることができません（Ferguson et al., 2000）．このことから，オキシトシンの根本的な生理的役割の一つは社会的認知と記憶に関するものであると考えられます．たとえばマウスによる"馴化–脱馴化のパラダイム"を用いた実験では，野生型の正常なマウスは同じマウスに繰り返し遭遇すると馴化（匂い嗅ぎ行動の減少）が生じ，その後見知らぬ個体に出合うことで，匂い嗅ぎ行動の上昇（脱馴化）がみられたのに対して，オキシトシンおよびオキシトシン受容体遺伝子

欠損マウスは，繰り返し提示された個体に対する匂い嗅ぎ行動に変化はみられず，馴化が起こりません．そのほか，オキシトシン神経系を遺伝的に操作したマウスの研究から，オキシトシンが個体認知や社会的意思決定，不安記憶の形成などに深く関わることが示されてきました（Ferguson et al., 2000）．

オキシトシン神経系の障害によってもたらされる個体識別能の低下は，ヒトの自閉症にみられる症状の一つです．自閉症の遺伝要因の一つとしてオキシトシン受容体の変異による可能性が示唆されています．たとえば，自閉症児にはオキシトシン受容体の遺伝的変異が見つけられ，また血中オキシトシン濃度が健常児よりも低いことがわかっています（Modahl et al., 1998）．さらに，一部の自閉症児では，オキシトシン分泌に関わる分子であるサイクリックADPリボースをつくる膜タンパク質であるCD38の遺伝子に特徴的な変異があることも報告されています．さらには，自閉症児にオキシトシンを投与することで，症状の改善が認められてきました（Higashida et al., 2012）．

このように，オキシトシンは社会認知と母性行動の発現の双方にとってきわめて重要であることが示されてきました．オキシトシンの作用によって，母仔や雌雄間のパートナーが認識し合い，お互いを結びつけているというのは妥当な解釈といえます．オキシトシンは，ヒトを含む多様な脊椎動物種に広く保存されている古典的な神経ペプチドです．それゆえ，個体レベルの行動の理解のみならず，進化や動物行動学の観点から絆の形成の生物学的意義を理解するうえで，オキシトシンはきわめて興味深く，重要な分子といえるでしょう．

4.4　オキシトシンを介した3つのポジティブループ

上述のように，分娩や育仔などの社会経験はオキシトシン神経系を活性化させ養育行動を促進します．このときに経験する育仔行動は母親のオキシトシン神経系を活性化させることで，養育行動の発現をさらに促します．このことから，母親のオキシトシン神経系の活性と養育行動はポジティブループを形成しているといえます（Nagasawa et al., 2012）．また，養育行動を受けることで仔のオキシトシン神経系も刺激され，探索行動などのアタッチメント行動の発現が強化されます．アタッチメント行動は乳房吸入などの接触刺激を介して

4.4 オキシトシンを介した3つのポジティブループ

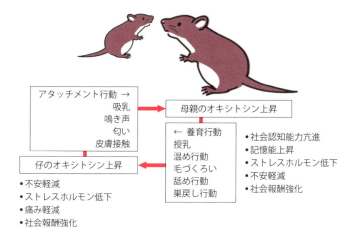

図 4.1　オキシトシンを介した母子間のループ

母親のオキシトシン神経系を活性化し，養育行動をさらに賦活化します．つまり，母親から仔への養育行動と仔から母親へのアタッチメント行動も正のフィードバックとして機能し，母仔間の生物学的絆の形成をより強固なものにします．これらオキシトシン神経を介した，アタッチメント行動と養育行動という2つの正のフィードバックが母親と仔の間に存在し，2個体間でポジティブループが機能することがわかります（Nagasawa et al., 2012）（図 4.1）．

さらに，母仔関係のポジティブループはこれら2つにとどまりません．小さいときに母親から密な養育行動を受けると，その仔が成長後に母親になったとき，同じようにわが仔に対して高い養育行動を示すようになります．これは世代をも超えたポジティブループが存在しているといえます．コロンビア大学のChampagneは，母仔間の絆が略奪された場合の，仔の神経系ならびに行動変化を調べました．母親からの養育行動の一つである毛づくろい行動を受けた頻度によって，将来の母性行動の発現が大きく変わること，そのときオキシトシン受容体の発現が変化することなどが明らかになっています（Champagne et al., 2001）．一夫一妻制をとり，両親から養育行動を受けるプレーリーハタネズミが，両親によって育てられた場合，あるいは片親で育てられた場合，成長後のオキシトシン受容体の発現量が変わることが知られてい

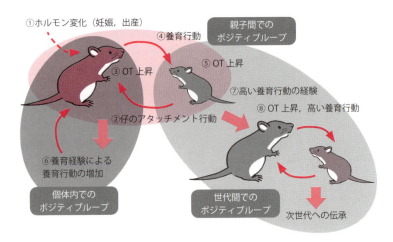

図 4.2　オキシトシン（OT）を介した3つのループ
①妊娠出産に伴うホルモン変化，とくにオキシトシンの上昇，②出産後の仔からのアタッチメント行動の発現，③仔からのアタッチメント行動による母親のオキシトシン上昇，④高いオキシトシンによる養育行動の強化，⑤仔のオキシトシン上昇，という親仔間でのポジティブループが存在する．一方，⑥養育経験による養育行動の増加，という個体内におけるポジティブループが知られている．さらに，⑦高い養育経験を幼少期に受けたメス動物は，⑧成長後の自身の出産に伴う高いオキシトシン値と養育行動が発現し，この連鎖は世代間に伝承されていく．
菊水（2015）

ます．

　これらを踏まえると個体，母仔間，そして世代間における3つのポジティブループが存在し（図4.2），それぞれが別個に機能するのではなく，互いに密接に結びつくことで巨大な円環を構築していることが概観できます．まさに親和的関係性が社会の中で継代されている，そこにオキシトシン神経系が関与することがわかってきたといえるでしょう（Nagasawa et al., 2012）．

Q　オキシトシンが嗅球に作用して，母親が仔の匂いを記憶するのに関与しているということは，この匂いの記憶の部位は嗅球にあるということなのでしょうか．

記憶に重要な部位である海馬や大脳皮質は，仔の匂いの記憶には関与しないのでしょうか．

A これまで，オキシトシンの阻害薬を嗅球に投与しておくと，仔の匂いに対する選択的な育仔が消失することから，記憶の座が嗅球にあるといわれてきました．しかし，自分の仔の匂いに対する選択的な育仔が消失するから「記憶が消える」とはいえません．記憶する匂いの伝達回路の入り口を阻害しても（つまり，記憶に関係しなくても，記憶する匂いの通り道を阻害しても）観察されるはずです．そのため，本当の記憶の座はどこにあるのか，というのは，まだ議論のさなかにあります．マウスでは，海馬のオキシトシン受容体発現細胞が個体記憶に関わることが知られてきました．今後，さらに詳細について研究が進み，全容が明らかになると期待されます．

Q 父性行動についても，発現を促すシグナルのようなものはあるのでしょうか．

A 父性行動の誘起に関する研究は非常に限られており，詳細は不明となっています．オスでもテストステロンが低値であり，仔との触れ合いが繰り返されれば，父性行動が誘起されることがわかっていますので，やはり決め手は触れ合いになると思われます．仔と触れ合う場面でテストステロンが高いとその効果が抑制される，といったところでしょうか．

5 雌雄の惹かれ合い
―フェロモンを中心とした話題

　ヒトにおいて，異性との出会いではさまざまな情動が喚起されます．とくに初めての出会いの場面では，高い緊張を伴い，次第に"Lust"とよばれる性欲を感じるようになります．この場合のLustは性行為だけを意味するのではなく，相手に触れたい，そばにいたい，というような行動も含みます．時には執拗に相手を追い，ストーカーのような行為にまで至る場合もあります．さらには惹かれた相手を失うことによって，抑うつ状態が誘起されることから，異性との関係性には大きな情動変化が関わっていることがわかります．動物においても，適切な相手を認知し，性に関する覚醒と情動が喚起されます．この情動とともに一連の性行動が誘起され，最終的に交尾刺激による快情動という報酬効果がもたらされます．これらの性行動に関する情動の制御は，脳の中でも視床下部といわれる深部の脳部位で行われており，進化の過程で保存された機構であると考えられます．

　動物における性行動とは，求愛から交尾に至る配偶に関連しての雌雄を中心とする個体間で交わされる行動を総称します．個体間で交わされる行動という点からいうと，社会行動の一つといえます．霊長類であるボノボでは同性間でも性行動が頻繁に観察されます，これは個体間の友好的な社会関係を維持するために機能しているといわれています．イヌでもオスの示すマウント行動が序列の確認で使われるなど，本来の性行動が別の社会的文脈で異なった機能を獲得している例が多くみられます．そのため，性行動と性的意味合いをもたない社会階級に関連した行動との区別が困難なこともあります．

図 5.1　マウスのオスとメスのコミュニケーション
メス型性行動はエストロゲン依存性であり，誘引行動やロードシス反射が観察される．そのほか，ペース配分行動や性嗜好性などがメス型の性行動として分類される．オスの性行動はアンドロゲン依存性であり，匂い嗅ぎに始まり，求愛歌を歌ってメスに接近する．メスが受容すれば，マウントからイントロミッション，最後は射精にまで至る．
菊水（2015）

　出合いから交尾に至る過程で観察される行動は，動物特有のものが多くあります．3.2 節で紹介したカワセミのオスがメスに魚をプレゼントすることもあれば，クジャクのようにメスの目の前で大きな羽を広げて性的ディスプレイをするものもあります．基本的にはお互いの性を認知し，それに伴って性的な動機づけが駆動され，多くの場合オスからの求愛をメスが許容することで，交尾が成り立ちます（図 5.1）．これらの一連の性行動の開始にはメスからの性シグナルの受容が鍵刺激となります．相手の性シグナルを受容して，性的動機が駆動されると一連の行動が開始されます．この性的動機づけは，アンドロゲンやエストロゲンといった性ホルモンの存在下で嗅覚や視覚，聴覚からの感覚情報が適切に処理された結果生じてきます．このような性行動の一連のメカニズムは研究室内で齧歯類の交尾行動を観察することによって容易に体感することができます．たとえば，性的に成熟したオスラットと発情したメスラットを同居させると，オスの交尾経験の有無による多少の違いはありますが，基本的に

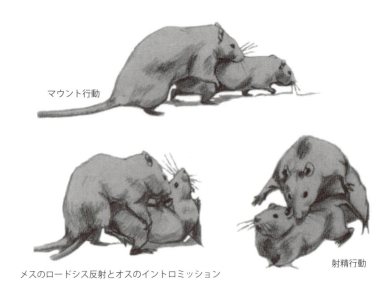

マウント行動

メスのロードシス反射とオスのイントロミッション

射精行動

図5.2 ラットの交尾行動
https://www.sciencedirect.com/science/article/pii/S0091305713002992

は次のような行動連鎖を見ることができます．

① genital sniffing：オスがメスのそばに寄っていき，外部生殖器の付近の匂いを嗅ぎはじめる．

② hopping, darting and ear-wiggling：このオスの匂い嗅ぎ行動にメスが反応してぴょんぴょん跳ね回る行動や急速突進する行動，高速で耳を震わせる行動などを示す．

③ following：このメスの行動にさらに刺激を受けたオスは興味たっぷりにメスを追尾する．

④ mount and lordosis reflex：オスがメスの背面からマウント行動を示し，それに対してメスが背部をそらせる姿勢をとり（ロードシス反射），オスに対する受容姿勢を示す（図5.2）．

⑤ intromission, pelvic thrust and ejaculation：最終的には，ペニスを挿入（イントロミッション），腰部を前後に振動させて（スラスト運動），射精へと至る．

ラットは射精のあと，22 kHz の音声を発します．これは性的不応期とよば

れる期間に相当し，たとえ別のメスが入ってきても性的動機づけが駆動せずに，静かに休憩している時間になります．

　哺乳類の行動を観察してみると，異性を含めた個体間のやりとりの多くが嗅覚系に依存していることがわかります．ヤギやヒツジなどの季節繁殖動物では，オスの匂い（フェロモン；Key Word 参照）によってメスの発情周期が同調（Key Word 参照）することが知られており，オス効果として知られてきました．フェロモンの多くはおもに鋤鼻器でて受容され，その情報は副嗅球へと運ばれます．その後，大脳皮質で処理されることなく，情動を司る辺縁系，さらには生命中枢である視床下部へと伝達されることがわかりました．つまりヒツジのオス効果フェロモンによるメスの発情同期化などは，メスヤギが「お，オスの匂いだ」などと感覚認知することなく，情動反応や生理機能が自然に動かされる匂いなのでしょう．このようなフェロモンによる発情周期の変化についてはヒトでも存在することが知られており，シカゴ大学のMcClintockらの研究によって，ヒトにおける生理周期の同期化（寄宿舎効果）が報告されてきました（McClintock, 1971）．またスウェーデンのSavicらの研究によると，ヒトでも異性を感ずるフェロモン候補物質があり，異性の匂いは視床下部の性行動を司る部位を活性化させますが，自分と同姓の匂いではそのような効果が認められませんでした（Savic et al., 2001）．一方，ホモセクシュアルの人たちは男性の匂いでも女性の匂いでも，視床下部での脳の活性の上昇が認められたことから，ホモセクシュアルの方々は，脳の深い部分における神経回路の形成にも変化があるだろうといわれています．

　このようにヒトを含んだ動物個体間の情報伝達には嗅覚系が多く使われます．嗅覚系は脳のなかでも，辺縁系や視床下部のような情動や生命中枢に対しての入力が直接的に行われることから，強力な中枢神経系への作用を備えているといえます．哺乳類の行動や情動を制御するフェロモンが単離同定されれば，脳機能研究のための有力なツールになるだけでなく，家畜や稀少野生動物の繁殖促進などといった応用面でもおおいに役立つことが期待されます．実際に，動物産業の分野では，オスブタのリリーサーフェロモンであるアンドロステノンがメスブタの人工授精を促進する目的で商品化され，使用されています．最近Pageatらの研究グループによってネコの頬の匂い腺から分離された鎮静

フェロモン（appeasing pheromone）が，ネコの緊張やストレスを緩解させるなどの情動を安定化させる効果をもち，ペット飼育の盛んな先進各国で商業的に成功を収めはじめています（Guiraudie et al., 2003）．さらには競走馬の輸送時などのストレスを緩和するフェロモンなども開発されつつあり，一方では有害野生動物の不快な刺激となる忌避フェロモンなどの応用も進められています．

オスのフェロモンがメスに作用する現象についてはマウスで最もよく研究されており，性成熟が促進されるバンデンブルグ効果や，交尾相手以外のオスのフェロモンによって妊娠の成立が阻止されるブルース効果などが報告されてきました．生殖に限らず，オスの縄張りを巡る闘争行動から，交尾行動や母性行動に至るさまざまな社会行動の発現には，フェロモンによる行動や内分泌機能の制御が認められます．世界で初めて哺乳類フェロモンとして同定されたアフロジンは，ハムスターのメスの膣から分泌され，オスを誘引するフェロモンです（Singer et al., 1986）．野性下のゴールデンハムスターはこのメスのフェロモンを嗅ぎ分けて，数キロにも及ぶ大追跡を行うそうです．まさにメスの刺激に喚起された性情動のゆえの大旅行，といえます．オスのフェロモンによるメスの発情誘起でも，排卵に先立って雌性ホルモンであるエストロゲンが卵巣から分泌されるため，このフェロモン刺激はメスの排卵誘発の効果だけでなく，その作用が脳に及び，オスを受け入れる効果をももちます．

このように，動物，とくに哺乳類の世界では，フェロモンや匂いは非常に重要な情報伝達手段であり，攻撃行動，性行動，母子関係，親和関係，交配相手の選択，雌雄のペア形成など，主要な生命活動に関わっています．また，本シリーズの第1巻（市川・守屋，2015）では，フェロモンに関する知見がまとまっていますので，興味のある方は，そちらをぜひご覧ください．

5.1　オス行動

オス動物は適切なメスを見つけ，接近し，求愛ディスプレイを行って自分をアピールします．メスが受け入れてくれることでオスはメスにマウントし，射精して一連の性行動を終えます．この一連の流れを求愛行動の連鎖とよびます．

図 5.3 タンチョウの求愛ダンス
Animal Picture Society, Gallery description: red crowned crane pictures, http://www.animalpicturesociety.com/red-crowned-crane-pictures-f795/1-b74b00/

　求愛ディスプレイは種によって異なり，非常に多様性に富んでいます．求愛ディスプレイが異なると性行動が成立しないので，この多様性は生殖隔離の一端を担っていると考えられます．オスの鳥がメスの個体に向けて羽を広げて前後左右に飛び跳ね，オスの魚は遊泳中に体の向きを突然変えることを繰り返し，あるいは配偶相手と並んで泳ぐなどの行動を示し，相手にアピールします．タンチョウの求愛ダンスではオスとメスが向き合って羽を広げてくちばしを空に向け，互いに社交ダンスのようなステップを踏んだり，ぴょんぴょん跳ねたりしながら鳴き交わしを行います（図 5.3）．同じ鳥類でもウロコフウチョウの求愛ダンスは，オスがメスに対して羽を大きく広げて，両脚をそろえて前後左右にステップします．このようなオスの求愛行動がメスの性覚醒を高め，さらにそれによってオスは次の求愛行動に移ります．季節繁殖期にある動物の多くは，食餌をとることも忘れ，懸命に生殖行動にすべてのエネルギーを傾けます．それはヒトにおける Lust とよばれる性欲による情動の支配と似た状況といえるかもしれません．
　ラットにおけるオス型性行動の発現はアンドロゲン依存性です．異性と遭遇した際に示すオスラットの性行動は，ディスプレイ行動や求愛歌発声などに始

まり，メスが許容を示すことで次にマウント行動，イントロミッション，スラスト運動，射精へと続きます．オスの性行動の発現には性成熟による精巣からのアンドロゲン分泌が必要です．アンドロゲンは脳内でアンドロゲン受容体に作用，あるいはアロマターゼによりエストロゲンに変換され，エストロゲン受容体に作用することで，オスの性行動を発現します．アンドロゲンの脳への作用では2つのポイントが重要であることがわかっています．一つは周産期における発達初期のアンドロゲン作用（アンドロゲンシャワー，アンドロゲンによる組織化作用）で，もう一つは性成熟後のアンドロゲン作用（活性化作用）です．

ラットにおいて，胎生期から出生後まもなくの間に精巣から分泌されたアンドロゲンは，脳の神経細胞内に入ると，アロマターゼにより芳香化を受け，エストロゲンとなります（図5.4）．そして，このエストロゲンが脳の辺縁系や

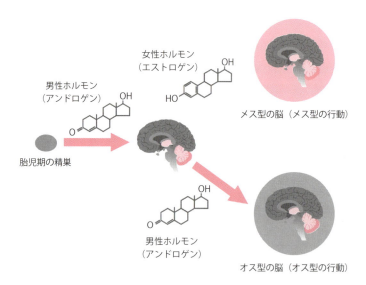

図5.4　哺乳類の脳の性分化
基本型としてはメス型の脳が形成され，周産期に男性ホルモン（アンドロゲン）であるテストステロンの曝露を受けることでオス型の脳へと分化する．オス型の脳が成長後にふたたびテストステロンに曝露されると，オス型の性行動が発現する．一方，周産期にテストステロンに曝露されなかったメス型の脳では性成熟後にエストロゲンに曝露されるとメス型の性行動が発現する．
菊水（2015）

視床下部に作用し，オス型の神経回路を形成します．メスでも母親由来あるいは卵巣由来のエストロゲンが存在しますが，α-フェトプロテインが血中のエストロゲンと結合し，血液脳関門を通過できないため，脳に作用することはありません．つまり，アンドロゲンの作用を受けなかった脳はメス型へと移行します．このとから，ラットの脳の性の基本型はメス型であり，そこにアンドロゲン作用が加わることでオス型へと派生することが明らかとなりました．サルなどの霊長類では，アンドロゲンがエストロゲンに変換されることなく，直接的に脳の性分化にはたらくことが示されています．ヒトはサルと同じ霊長類なので同じようにアンドロゲン受容体を介して男性の脳が形成されると予想されています．脳の性分化にアンドロゲンがどのようにはたらくのか，種によって違いがありますが，基本的にアンドロゲンが脳のオス化（男性化）にはたらくことは同じと考えられます．このように周産期に形作られたオス型の脳に成熟後のアンドロゲンが再度作用することで，オス型の行動が発現することになります．オス型の行動はアンドロゲン依存性で，オスのラットの精巣を手術により除去してしまうと，オスはオス型の性行動を示さなくなります．しかし，この去勢オスにアンドロゲンを投与することで，ふたたびオスの性行動が観察されます．一方，性成熟後のメスにアンドロゲンをいくら投与してもオスの性行動は示さないことから，性成熟後のアンドロゲンが機能するためには，周産期のアンドロゲン作用によるオス型脳の形成が前提となっている必要があることになります．興味深いことに，成熟後のアンドロゲンはある程度の量が分泌されていれば，血中濃度の高低はあまり関係がありません．これは血中を循環するアンドロゲンの量よりも，脳に発現するアンドロゲン受容体の感受性の違いが影響することがわかっています．この感受性は遺伝的な背景であったり，これまでの性経験の多少にも依存します．たとえば，性経験を多く積んだヒトやイヌ，アカゲザルなどでは，その後に去勢して男性ホルモンが分泌できないようにしても，数年にわたり性行動がみられる場合が報告されています．ヨーロッパなどでは性犯罪者に対して去勢の刑を課してきた歴史があるものの，その刑施行後10年経っても勃起して性行為に及んでいた男性も報告さています．このように，成長後のアンドロゲンの量で性行動発現がすべて規定されるわけではありません．

嗅覚系とオスの性行動の関連性を示す実験は，1970年代初頭よりおもにゴールデンハムスターで行われてきました．最も古典的な実験例は，鼻腔内に硫酸亜鉛を注入して嗅上皮および鋤鼻上皮（鋤鼻器）を破壊するというものです．このような処理を受けたオスのゴールデンハムスターは，交尾行動の発現が抑制され，さらに硫酸亜鉛を注入して嗅神経および鋤鼻神経の切断を組み合わせ，完全に嗅覚情報の入力を遮断すると，ハムスターの交尾行動が完全に抑制されます．マウスでは，鋤鼻器の切除によるオス性行動の障害は中程度ですが，嗅粘膜を傷害すると性行動は完全に消失します．Stowers らは鋤鼻神経細胞のイオンチャネルの遺伝子である *TRPC2*（transient receptor potential cation channel subfamily C member 2）を欠損させたマウスを作出し，鋤鼻器の機能を失わせたところ，オスからオスへの攻撃行動が消失し，逆にオスに対して性行動を示すことを明らかにしています（Stowers *et al.*, 2002）．このことから，正常なオス型の性行動発現には鋤鼻神経系が関与するようです．

5.2　メス行動

メスはオスからの求愛に応えて，メス特有の性行動を示します．とくにロードシス反射とよばれるオス受容姿勢は代表的なメス型性行動です．そのほか，オスに対する誘引行動（proceptive behavior）を示す動物もいます．ラットではメスがオスの目の前を走り回る行動（darting），陰部をわざとオスの目の前に見せる行動（presenting），ケージ内を飛び跳ねるように歩きまわる行動（hopping），耳を震わせる行動（ear wiggling）などが挙げられます．イヌやネコ，ウマ，ウシではロードシス反射に先行して尾を左右に曲げてマウントを受け入れやすくする尾曲げ（tail flip）行動も観察されます．このようなメス型性行動は，おもに成熟した卵胞から分泌されるエストロゲンに制御されることから，その発現は発情周期に伴って変化します．排卵前後の発情期には，運動活性，自発活動が上昇し，また睡眠時間が減少します．ほとんどの哺乳類のメス型性行動が排卵と同期して観察されますが，ヒトとボノボでは排卵や発情とは関係なくメス（女性）がオス（男性）を受け入れます．ヒトは約28日

の排卵周期で，排卵後に黄体が形成され，エストロゲンとプロゲステロンの分泌が持続する完全性周期型です．この性ホルモンの分泌パターンは他の完全性周期型を示す哺乳類と同様です．このことから，ヒトの女性では，性ホルモンに依存しない男性の性的受容があるといえます．上述のとおり，このような受精には直接関係することのない性的行為は，オスとメスの社会的関係性の構築や維持のための社会機能を有しているといわれています．

メス型の性行動を取るためのホルモンの作用はオスとは異なります．胎生期から周産期にかけてアンドロゲンの作用がなければ，まずはメス型の脳が形成されます．このメス型の脳に成熟後のエストロゲンが作用することでメス型の性行動が発現します．ただ成熟後にエストロゲンだけを作用させてもオスを受け入れるロードシス反射の発現は弱く，エストロゲン作用の後，プロゲステロンの作用が重なることで，強いロードシス反射が観察されるようになります．その他の生殖に関するペプチドホルモンもメスのロードシス反射の発現を調節します．代表的なものとして視床下部に存在する性腺刺激ホルモン放出ホルモン（GnRH）があり，GnRHをラットの視床下部腹内側核に投与するとロードシス行動は増加します．逆にGnRHのアンタゴニストの投与によってメス型性行動の発現は抑制を受けます（Keller et al., 2006）．そのほか，オキシトシンも視索前野や視床下部腹内側核に作用し，メスのロードシス反射を亢進させます．エストロゲンがオキシトシン受容体の発現を上昇させることから，エストロゲンの作用はオキシトシンを介しているといわれますが，この点は今後の研究が必要です．

ラットの性行動テストにおいて，オスの行動範囲を制限し，メスのみが自由に移動できるような環境下におくと，メスラットはオスに近づき，離れる，を繰り返し，交尾の頻度や間隔を上手にコントロールするようになります．たとえばメスラットはマウントや挿入などのオスからの刺激を受けたあとでは，オスの行動範囲から抜け出し，しばらくの不応期に入ります．不応期を経た後，メスはふたたびオスに近づき，誘引行動をとります．この行動はオスからの交尾刺激をコントロールするメスの適応的行動であり，ペース配分行動とよばれます．メスがペース配分行動をとれる環境下で実験すると，メスがマウントや射精のタイミングをコントロールできるため，通常の性行動試験に比べて，マ

ウントや挿入の間隔が長くなり，射精に至るまでの挿入回数も増えてきます(Paredes and Vazquez, 1999)．このような挿入回数の増加はメスの妊娠率を上げる効果をもつと考えられており，実際に交尾刺激の回数の上昇は妊娠維持に必要なプロゲステロンの分泌を促進します．実際に挿入回数が多い場合は，オスが射精に至らなくても，メスは偽妊娠することも可能です．

　メスの性行動も嗅覚系の制御を受けます．アンドロステノンはオスブタの顎下腺から，発情期のメスがロードシス姿勢をとるように誘引する効果を指標に見つけられたフェロモンです．このフェロモンは合成され，スプレー製剤として市販されており，ブタの人工授精の際に利用されて繁殖率の向上に役立っています（Dorries *et al.*, 1997）．2010年，Haga らは，オスマウスの涙腺から分泌されるペプチドフェロモン ESP1（column 参照）がメスのロードシス反射を特異的に上昇させることを見出しました．このフェロモンは鋤鼻器のV2Rp5 受容体に結合し，扁桃体を経由して最終的にロードシス反射の制御中枢である視床下部腹内側核に情報を送ります．リガンドから受容体，神経活性経路，さらには性行動の一連のカスケードが明らかにされた哺乳類で最初のフェロモンです（Haga *et al.*, 2010）．

5.3　特定の個体に対する性的嗜好性

　恋愛をする際，だれでもがその対象になることはありません．生物はその進化の過程で，有性生殖を獲得しました．有性生殖では，減数分裂によって自己の遺伝子を半分にし，接合によって他個体の遺伝子と混ぜ合わせ，新しい個体を生み出します．つまり有性生殖では自分だけでは子孫を残すことができず，相手が必要となります．生物が有性生殖を獲得して，"他個体"の存在なしに生きられなくなったときから，個体と個体の"出合い"が必要不可欠となり，個体間のつながりは生まれたと考えられます．この有性生殖の最大のメリットは自己の複製に比べ，多様な遺伝的背景をもつ個体を生み出すことに成功したことといえるでしょう．多様な遺伝的背景をもつ子孫とは，つまり生存確率を上昇させるための手段ともいえます．そうすると，オスでもメスでも相手が優秀な遺伝子をもっているほうが利点が大きくなります．つまり，相手を選ぶ機

能を獲得してきました．誰でもよいわけでなく，特定の相手に向けて性的な欲求が高まり，また共にいたいと思う気持ちが高まることになります．交配パートナーとして特定の他個体を選択する行動は多くの動物で観察され，性選択とよばれる基本的なメカニズムです．その背景にはより優秀な相手を選び，優秀な子孫を残すという繁殖戦略が伺えます．たとえば動物の世界ではより強くたくましく，オスらしいオスが好まれる傾向があります．またオスも妊娠しやすいメスをより好むことが知られています．このようなオスらしさ，メスらしさ，という指標以外にも交配嗜好性に使われる情報があります．それは個体の近縁度です．近親交配は遺伝病の発生率を上昇させ，最終的には適応度を低下させ

ESP1 の機能発見への道のり

筆者らの研究室では，東京大学の東原和成研究室との共同研究によって，オスマウスの涙に含まれる ESP1 の機能解明の研究を行ってきました．当初，東原先生がラボを訪れて，受理されたばかりの *Nature* 誌のコピーをくださいました．研究者にとって *Nature* 誌に論文を掲載することは，サッカー選手にとってのワールドカップでゴールを決めるのと同じくらい（個人によっては差があるので，なんとも言えませんが）高い目標の一つです．憧れの東原先生との共同研究を開始したものの，その作用はなかなか明らかにできませんでした．最初の 2 年はオスマウスの体に ESP1 を塗布して，メスに対する効果を調べました．期待に反して，メスはオスに近寄ることも，マウントを受け入れることもありませんでした．塗り方，塗る濃度，使うオスの系統などなど，さまざまな条件で調べてみても，効果を得ることができませんでした．また ESP1 を塗布したコットンに対するメスマウスの行動，たとえば接近や匂いかぎ行動，その後の運動活性，不安行動などを調べても，効果を見出すことはできませんでした．ESP1 の機能は何か，という問いに対して，行き詰まりかけていたところ，メスマウスの行動をよくよく観察してみると，ESP1 はペプチドであって揮発しないので，メスマウスはそもそも興味を示しておらず，オスに塗布した ESP1 に触れることがありませんでした．ESP1 に触れなければ，メスには受容されません．そこでオスに塗布するのをやめ，ESP1 を染み込ませたコットンを事前にメスマウスに提示し，十分にそのコットンを介して ESP1 を取り込んだメスマウスの行動を調べました．すると，オスマウスのマウント行動を受け入れたのです．行動観察という原点が解決した研究成果といえるでしょう．

てしまうことにつながります．そのため，動物は進化の過程で近親交配を避けるメカニズムを獲得してきました．

マウスにおける個体認知には**主要組織適合遺伝子複合体**（major histocompatibility complex：MHC．ヒトではHLA）が重要であるといわれてきました．この MHC 遺伝子は免疫に関する機能に関わるもので，臓器移植の適合マーカーとして古くから研究されてきました．その免疫的に自己と異物を区別する遺伝子とそれに関わる分子が，何らかの匂い生成に関与して，その匂いが動物間のコミュニケーションに使われているというわけです．この MHC による交配嗜好性を世界で最初に報告したモネル化学感覚研究所の山崎邦郎の著書に，「コンジェニック系統のマウスをつくるために，一つのケージの中で 2 系統のコンジェニックマウスを一緒に飼っていたところ，ある系統のマウスは自分と同じ遺伝子の仲間よりも，異なる系統のマウスと頻繁に一緒になり，巣づくりをしていることが観察された」と記載されています（山崎，1999）．つまり，実験室で偶然みつかった観察結果が MHC と交配嗜好性に関する研究の始まりということになります．その後，MHC の遺伝子型が異なると匂いによる弁別が可能であること，交配相手として自分の MHC 遺伝子型と異なる相手を選ぶこと，この交配嗜好性は幼少期の匂い曝露によって記銘される記憶に依存することが示されました（Yamazaki et al., 1988）．現在までに，尿の中に存在する揮発性の酸が MHC の匂い情報のメッセンジャーとして考えられていますが，確定的な結果には至っていません．また MHC の性選択における役割は野生下でも認められています．Potts らは半野生下のマウスを用いて調査したところ，理論値よりも有意に高い確率で自分の MHC 遺伝子型と異なる相手とペアになることを報告しました（Potts et al., 1991）．Dulac らの研究で，マウス鋤鼻器のフェロモン受容体ニューロンに MHC と関連した遺伝子およびタンパク質の存在が認められ，これがフェロモン受容の細胞内伝達系に関与することが報告されました（Loconto et al., 2003）．山崎らによって 20 年来行われている MHC 研究と，Dulac らによる鋤鼻器における MHC の研究が今後どのように結びつくのか，非常に興味のあるところです．

ヒトにおける HLA と婚姻パートナーの研究も進められてきました．

Wedekind らは男性 4 人，女性 2 人に週末の 2 日間同じ T シャツを着続けてもらい，この匂い付き T シャツを実験刺激に用い，被験者の女性に T シャツの匂いを嗅いでさまざまな心理尺度を 0～10 点の 11 段階で評定してもらいました．その結果，男女ともに *HLA* 遺伝子の類似性と好感度の間に負の相関が認められました（Wedekind et al., 1995）．すなわち，*HLA* 遺伝子が異なるほど，性的な魅力を感じることになります．またシカゴ大学の McClintock らは同様の実験をさらに網羅的に行い，被検者女性が最も心地よい匂い（pleasantness）と答えた匂いの持ち主は，被検者の父親の *MHC* における対立遺伝子との間で平均 1.39 ± 0.15 個一致していたのに対し，心地よさを感じなかった匂いは 0.55 ± 0.10 個しか一致しないことがわかりました（Jacob et al., 2002）．これらのことから，ヒトにおいても *HLA* の遺伝的距離が離れると性的魅力，近くなると心地よさの印象が高くなると思われます．野生動物を対象とした MHC と交配嗜好性の研究により，サケやトゲウオ，スナトカゲなどでも観察されたことから，生物界に広く認められる現象といえるでしょう．

5.4 音声による近縁度の認知

　近縁度を測るメカニズムは匂いだけではありません．実は音声を手がかりにした近縁度と交配嗜好性が明らかになりました．マウスではオスがメスに遭遇すると特有の超音波領域の音を出します．2005 年に Holy らは，マウスでもヒトには聞こえない高い超音波領域の声を使って，オスマウスがメスマウスに歌を歌うことを明らかにしました（Holy and Guo, 2005）．なんとマウスはヒトには聞こえない高い声で恋歌を歌っていたのです．それを契機にマウスの歌に関して，どれほど多様性があるのか，その多様性が遺伝子によるものなのか，それとも幼少期の音声学習によるものなのか，の議論が世界中に広がっていきました．筆者らは 2 系統のマウス（C57/BL6 と BALB/C）の歌構造を調べたところ，歌のシラブルとよばれる音節の出現のパターン，さらにその出現の頻度も大きく異なっていることを見出しました（Kikusui et al., 2011）．これら 2 系統のマウスに出生後間もなく里子操作を施し，発達期における音声環境を

逆転させてみました．このことで，環境，たとえば親から歌を学習するとすれば，ヒトの言語のように育ての親の歌に似た歌を歌うことになることになるはずです．しかし，里仔操作によっても，これら2系統の歌の特徴は維持され，それぞれが遺伝的な親の歌と同じ歌を歌うこと，つまり複雑な歌が遺伝的に制御されていることが明らかとなりました（Kikusui *et al.*, 2011）．ではその歌の多様性はいかほどのものでしょうか．国立遺伝学研究所の小出らは，世界各地から捕獲された野生マウスでその歌の構造を調べてみました．韓国からはKJR，日本からはMSMとJF-1，フランスからはBFM/2など全部で9つのマウスの系統を調べてみたところ，各マウスの系統間においてシラブルの出現頻度が大きく異なっていました．このシラブルの出現頻度が遺伝的に制御されている可能性はすでに記しましたが，遺伝的距離と同じような類似性，つまり遺伝的に近いマウスの系統間では似通ったシラブルになり，遺伝的に遠い系統間では異なったシラブルになるだろうとの予想がなされました．ところが，遺伝的距離と歌の構造には一貫性がなく，歌の構造自体は遺伝的支配を受けているにもかかわらず，歌の進化の過程には強い淘汰圧がかかっていないことが明らかとなりました（Sugimoto *et al.*, 2011）．つまり淘汰圧が小さい状態での進化（多様性の獲得）があったことになります．これは遺伝的浮動として知られていますが，おそらくマウスの歌構造に関しては，この遺伝的浮動が関わっているのであろうと考えられます．

　では遺伝的にある程度規定されているこの歌の意味，つまり歌はちゃんとメスマウスを魅了する能力をもちうるか，が調べられました．C57/BL6のメスマウスにC57/BL6のオスマウスが歌う歌と異なる系統のBALB/Cのオスの歌を再生して，いずれに対して探索接近が増えるかをみたところ，C57/BL6のメスはBALB/Cの歌により興味を示しました（Asaba *et al.*, 2014）．興味深いことにBALB/Cのメスに2つの歌を提示すると今度はC57/BL6の歌に興味を示し，メスマウスは自身の系統と遺伝的に異なる系統のオスの歌に惹かれることがわかりました（図5.5）．さらにメスマウスが出産した後，すぐに里仔操作をして発達過程における音声環境を変えてみる実験も行われました．もしメスマウスの歌への嗜好性が幼少期の刷込みによるものであれば，嗜好性は逆転すると思われます．その結果，BALB/Cに育てられたC57/BL6マウス

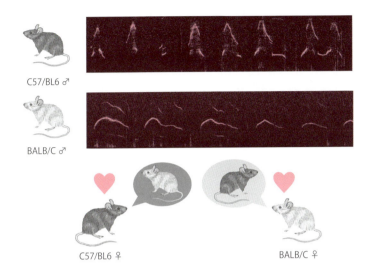

図 5.5　マウスのオスの求愛歌を用いた性嗜好性
C57/BL6 と BALB/C のオスマウスは異なった歌を歌う．メスマウスはこの歌を手がかりに，交尾パートナーを選択する．C57/BL6 のメスマウスは BALB/C の歌を，一方 BALB/C のメスは C57/BL6 の歌をより好むことから，自分と異なった系統の歌に対して嗜好性をもつことがわかった．
菊水（2015）

はなんと C57BL6 マウスの歌を好み，逆に C57/BL6 に育てられた BALB/C は BALB/C の歌に嗜好性を示しました（Asaba et al., 2014）．里仔操作をすることで，歌に関する嗜好性が逆転したことから，この嗜好性は幼少期に性的刻印づけを受けて，メスの脳内に刷り込まれるものであることが明らかとなりました．上述の MHC に関しても幼少期に刻印づけを受けることがわかっていることから，マウスのメスでは将来の交配パートナーのタイプが，幼少期の社会環境，おそらく親とのやり取りによって刷り込まれていることになります．性的刷込みとは，幼少期に親や周囲の大人動物との関わりを通じて，成長後の交配パートナーとなる異性の嗜好性が影響を受ける現象で，100 種以上の鳥類をはじめ，魚類や哺乳類でも観察されるものです．いくつかの鳥類は，卵から孵化してまもなく別種の動物と一緒に過ごすと，その一緒に過ごした動物に対して求愛を示すようになります．有名なものが人に育てられたオカメインコです．幼鳥から飼い主に育てられたオカメインコは，飼い主を性的パートナー

とみなして求愛するようになります．アフリカのタンガニーカ湖に生息するシクリッドは親が仔を養育するという特徴があり，受精直後の卵を口にくわえ，外敵から守りながら口内で卵を養育し，さらに孵化後も幼魚を口にいれて保護します．そしてシクリッドでは，このときに育ての親の特徴を記銘し，成長後に育ての親の系統の異性を好む傾向を示します．ヒトにおける"性的刷込み"では，逆に幼少期から同じ生活環境で育った相手に対して性的興味がなくなるという仮説があり，ウェスターマーク効果，逆性的刷込みとよばれています．マウスの場合もこのウェスターマーク効果と考えられ，近親交配を避ける本能的な仕組みであると考えられています．

5.5　雌雄間の絆形成

　哺乳類では一夫一妻制のつがい形成システムを示す種は非常に少なく，全体のわずか3％といわれています．プレーリーハタネズミは，哺乳類のなかのその貴重な種の一つで，なおかつ同じ属内に一夫多妻制のつがい形成システムを示す種サンガクハタネズミやアメリカハタネズミもいることから，その遺伝的あるいは適応的観点から，つがい形成メカニズムを解明する格好のモデルです．米国イリノイ州に拡がる平原にすむプレーリーハタネズミを見出したのは生態学者の Lowell Getz です．彼は平原にトラップを仕掛けて，プレーリーハタネズミの捕獲を行っていました．すると，オスとメスのペアが同時にトラップにかかっていることが多く，不思議に思った彼が生態における行動を観察したところ，一夫一妻制をとること，共同で育児をすること（図5.6），さらにはペアになったオスはパートナーのメス以外に対しては攻撃行動を示して，縄張りから追い出すこと，などを発見しました．その後，その特徴は神経科学を専門とする Insel らのグループに引き継がれ，精力的にその神経メカニズムが調べられました．

　一夫一妻制のプレーリーハタネズミと一夫多妻制のサンガクハタネズミを用いた選好性テストでは，同じ種の雌雄を1つのケージに24時間同居させた後に，同居したオスと見知らぬオスを提示し，どちらのオスと共に過ごすかを観察しました．プレーリーハタネズミの場合には同居相手のオスのいるケージに

5.5 雌雄間の絆形成

図5.6 一夫一妻制をとり，両親で仔育てをするプレーリーハタネズミ
エモリー大学ラリー・ヤング博士からの提供.

長時間滞在し，サンガクハタネズミのメスは誰もいない中央のケージに長時間滞在しました．このような雌雄間の絆の形成にはとくに脳の前頭前野 (prefrontal cortex) と側坐核 (nucleus accumbens)，そして腹側淡蒼球 (ventral pallidum) が関連していることが示されてきました（Insel et al., 1997）．これらの領域は，食物を食べることや交尾をすることで得られる快感をひき起こす領域で，報酬系の神経回路とよばれています．この報酬系の回路ではドーパミンが中心的な役割を果たしています．つまり，つがいの形成は「相手にはまる」というような常習性を生み出す神経回路が機能していたことになるわけです．

　ドーパミンと同様に，つがいの絆形成との関わりが指摘されて研究が進んだのは，神経ペプチドのオキシトシンとバソプレッシンです．オキシトシンはメスにおいて，バソプレッシンはオスにおいて，絆の形成に関係していることが示されました (Insel et al., 1997)．オキシトシンはつがいの絆形成以外にも，上述のとおり母仔間の絆形成に重要な役割を担っています．バソプレッシンはオス間の攻撃や匂いづけ，求愛行動そして父性行動に関わっていることも明らかにされてきました．プレーリーハタネズミのメスでは交尾後6時間しかペアのオスと共に過ごさないと絆の形成が弱くなりますが，この6時間の間に脳内にオキシトシンを投与すると強い絆が形成されるようになります．逆に交

尾後24時間，オスと共に過ごすことで絆が形成されますが，この間に脳室内にオキシトシンの阻害薬を投与すると，絆の形成が障害されます（Young et al., 2001）．Inselらはこれら2つの神経ペプチドホルモンの受容体の脳内分布を調べました．一夫一妻制のプレーリーハタネズミでは側坐核や前頭葉などに多くのオキシトシン受容体を発現していましたが，一夫多妻制のサンガクハタネズミでは，受容体の分布は中隔核に多く観察されました（Insel et al., 1997）．この分布の違いが一夫多妻制の神経回路を形成していることも実験的に示されました．たとえばサンガクハタネズミでもプレーリーハタネズミと同じ神経核にウイルスベクターを用いて受容体を強制発現させると，プレーリーハタネズミと同様の親和的行動が増加したことから（Young et al., 1999），受容体の発現の多少が，一夫一妻制を決めているようです．

　ヒトにおいてもオキシトシンやバソプレッシン受容体の遺伝子に多型が存在し，オキシトシンやバソプレッシンの機能が個々人で異なる可能性が指摘されています．受容体の多型とパートナーとの親和的関係性や結婚の有無を調べた研究では，オキシトシン，バソプレッシンいずれもの受容体の多型と婚姻形態や仲良し具合に違いが観察されました（Donaldson and Young, 2008）．このことから，一夫多妻制の絆形成はプレーリーハタネズミなどの齧歯類からヒトのような霊長類に至るまで共通の可能性が指摘されています．遺伝子を調べると浮気のしやすさがわかってしまう，という驚愕の結果です．

　興味深いことに，つがいを形成したペアでも2個体を分離すると，強いストレス反応性を示します．ストレスホルモンであるグルココルチコイドが上昇し，まるで相手を探しているかのようにせわしなく動き回ります．一方，一度分離した個体を再会させるとグルココルチコイドは低下し，落ち着いて一緒に寝始めます．このことから，絆の形成は一緒にいることの安心感の形成にも寄与し，逆に別離や喪失という心的情動の基本的機能に関わることがわかります．

Q&A

Q HLA遺伝子の類似性と好感度の関係ですが，年齢によって変化することはないのでしょうか．

A HLA遺伝子と好感度を調べた実験では，匂いの提供者や受け手の年齢の効果は調べられていません．HLAの類似性がなぜ匂いの性的な嗜好性に関与するか，つまり関係する匂い分子が同定されれば，その匂い成分が年齢に従って変化するかを調べることができます．また受け手の女性の年齢に関しても情報がありません．性ホルモンの分泌パターンと一致すると興味深いと思います．

Q 性的刷込みは，哺乳類のように仔の数が少なければ近親交配を避けることが重視され，魚類のように仔が多ければここまで生き残ってきた親と似た系統を好むようになるということでしょうか．

A 性的な刷込みの進化的価値については，あまり明らかにされていません．哺乳類では，近親交配を避けるようなかたちで，その効果を観察することができます．魚では逆に親と似た個体と交配することが知られています．魚では生存確率が低いので，その環境を生き延びたとすれば優秀な遺伝子であり，その優秀な遺伝子をより高頻度で継承するために，血縁が近いものどうしでの交配が選ばれるだろうといわれています．またヒトを含めた哺乳類でも，近親交配を避けるだけでなく，遠すぎない相手を選ぶ，つまりある程度の血縁関係との交配が選択されることも知られています．そのため，性的刷込みとは，非常に近しい血縁関係を避けつつ，似たような遺伝的背景をもつ個体との間に子孫を残すシステムといえるでしょう．

Q より優秀なパートナーを選択し，近親交配を避けるために，群れをつくるようになった大きな要因は，パートナーの選択のチャンスを増やす戦略をとることであったということなのでしょうか．

A これに関してはいまだに諸説あります．群れを形成することで，群れの中に血縁以外の異性を含むことが多いので，配偶相手との出合いの機会は容易に得られるようになります．ただ，群れの内部では遺伝的にも近縁度が高いため，本当に優秀なパートナーであるかはわかりません．そのため群居性の動物は，メスあるいはオスが群れから出て他の群れに移動し，近親交配を避け，さらに遺伝的多様性を高めるようになっています．またマウスやヒトの研究で，非常に近い近縁者

は配偶相手として避けられますが，遺伝的には離れすぎていても敬遠されることがわかっており，ある程度の似たものどうしがよいだろう，とされています．

6 縄張り行動

　動物はさまざまな場面で攻撃行動を示します．群れを守る場合，つがい相手を守る場合，最も顕著なものは仔どもを守る場合に観察されます．一般的にはこれらの攻撃行動は適応的意味が大きいと解釈できます．つまり異性をめぐるオスどうしの争い，縄張りをめぐる攻防，餌の奪い合いなどはすべて資源を確保するための攻撃であると理解できるからです．このような適応的な攻撃行動を行動生態学的に分類したものとして，最も広く知られているのが，Moyer によるものです（Moyer, 1976）（表 6.1）．それによると，攻撃行動の発現の生理学的基盤や誘発因子，攻撃の対象を考慮して，捕食性の攻撃，オスオス間にみられる攻撃，テリトリーの防衛攻撃，母親動物が示す攻撃，恐怖によってひき起こされる攻撃，その他の攻撃，に分類されています．攻撃行動といえば，相手に咬みつくものが最も典型的で理解しやすい攻撃行動ですが，たとえば群れの中における序列の確認に用いられるものは非常に微細な行動，オオカミなどの場合は牙をむく，睨む，唸るといった威嚇行動だけでも決着がつき，その後に激しい傷を負うような攻撃性に発展することはありません．このようなことから，Scott は，同種の 2 個体以上の間での社会的インタラクションに生起する攻撃行動を含むすべての行動を包括したものとして"敵対行動 (agonistic behavior)"という用語を提唱しました（Scott, 1966）．それによると咬み行動を主体とした攻撃行動と不動化や服従姿勢などを含む服従行動を両極とし，それに至るまでの些細な行動や音声などの表現も含めて敵対行動と定義します．敵対行動の発現のメカニズムを個体間や個体内，さらには神経

表 6.1 Moyer の攻撃行動の分類表

分類名	内容
捕食性の攻撃行動	獲物を見つけ，捕食するような攻撃行動． 刺激の特殊性や発現の文脈によって，他の攻撃行動と分類可能．
オス間の攻撃行動	多くの場合，同種のオス間で認められる． 見知らぬオスどうしでよく観察され，攻撃を受ける側からの挑発的な行動によって誘発されるものではない．
恐怖による攻撃行動	この攻撃は，先に逃走行動が認められ，その後に追い詰められたときに認められる． 限られた空間内で，防衛側が逃走不可能の場面で認められる．
いらいらによる攻撃行動	攻撃の対象となる多個体の存在だけで生じる攻撃． 対象となるものは，生物だけでなく無生物の場合も含まれ，幅広い．
縄張り性の攻撃行動	縄張りをもつ動物種において，特定の空間内に侵入者がある場合に起こる． 動物種においては，同種に限らず攻撃行動が生じる． 他の個体が縄張り内にいることが刺激となり，縄張りから遠ざかることで攻撃が低下する．
母性攻撃行動	母親あるいは父親が自分たちの仔に対して，何らかの危害を加える脅威の対象が接近したときに生じる． そのため，仔と脅威の対象が同時に存在している場面でのみ観察される．
道具的攻撃行動	何らかの刺激を受けて，攻撃を起こし，その結果として，利益（強化子）があったときに生じる攻撃行動． オペラント条件づけされた学習性の攻撃行動と同義． 同じような場面で発現しやすくなる． 上記のあらゆる状況での攻撃が道具的攻撃行動となりうる．

Moyer（1976）

生理学の各レベルで分析的に研究していくことこそ，攻撃性の理解に必須であると思われます．

　多くの動物種では，通常メスに比べてオスの攻撃性が高くなります．このことから，精巣から分泌される性ステロイドホルモンであるアンドロゲンの血中濃度と攻撃性との因果関係が広く研究されてきました．多くの齧歯類では，オスの性行動と同様，オス個体間での攻撃行動もアンドロゲン量が急激に上昇する性成熟期に最初の発現が認められます．この時期に精巣を除去すると，アンドロゲン量の減少とともに，攻撃行動が低下すること，さらに去勢されたオス

個体にアンドロゲンを皮下投与すると，攻撃行動が回復することから，オスの性行動の場面と同じく，オス型攻撃行動の発現はアンドロゲン依存性であることがわかります．このアンドロゲンの作用は，性行動と同じく発達の過程で2つのポイントで必要不可欠であることがわかっています．一つは周産期における発達初期のアンドロゲン作用（アンドロゲンシャワー，アンドロゲンによる組織化作用）で，もう一つは性成熟後のアンドロゲン作用（活性化作用）です．

　これらの結果から，アンドロゲンが攻撃性を決める最も大事なホルモンであるという考え方が広く流布しました．その際には本来の適応的な"攻撃性"の意味から少し外れ，アンドロゲンが興奮を高め，反社会的，利己的，また暴力的な行動をひき起こす原因であると考えられるようになりました．しかし，多くの研究の結果から，アンドロゲンの量とヒトの暴力や犯罪性には関与がないことが結論として得られました．動物実験の結果からも，性行動と同じように成熟後のアンドロゲンの量はある程度が分泌されていれば，量の多少はあまり関係がなく，受容体を含んだ感受性の違いの影響が大きいようです．その個体差は，アンドロゲンの量よりむしろ個体の経験に強く依存しており，性行動よりも複雑な制御を受けることもわかりました．ヒトにおけるアンドロゲンの心理的作用としては，"攻撃性"を誘発するのではなく，ヒトが社会的交流を築くうえで，社会的に適切な行動，そしてさらに高い地位を求めるようにはたらくという結果が得られています．実際にスポーツ選手や，女性でも男性社会で活躍している人では，アンドロゲンの分泌量が高いことが示されています．ただ単に"攻撃性"というと誤解を生じますが，社会のなかでよりよい立場を得るための戦略に関与するというのは，そもそも哺乳類が群れのリーダーを中心に繁殖形態をとっていたことを考えると，意外に理解しやすいことかもしれません．

　動物において自己の縄張りを確保することは，食物の獲得だけでなく，生殖戦略にも重要な意味をもち，自己および自己の遺伝子を継承する子孫の生存価を上げるために重要となります．実験動物に使用されるマウスやラットも本来は群れとしての縄張りをもち，それを維持するためにさまざまな工夫を凝らすことが知られています．野生下での縄張りの広さを調べた実験によると，実験室ラットの祖先であるドブネズミでは 200 m^2 に及び，野生下のマウスだと 2

第6章 縄張り行動

～30 m² 程度であるといいます．もちろん縄張りの広さは食物資源の増減によって大きく変動し，豊富な場所では一般的に狭くなります．群れの中の社会構成もまた種によって異なり，ドブネズミのほうがマウスよりも複雑でより強固な関係をもつことが知られています．縄張りをもった激しい争いの生活は他の個体を排他する目的ですが，一方"身内"の強固な団結力の表れでもあることを理解しなければなりません．

6.1 マーキング行動

マーキング行動は縄張り主張のために最もよく使用される行動です．多くの哺乳類で観察され，とくに糞尿や体表からの分泌物を，環境周囲の突起物や樹木に付着させます．たとえば，カバは一見温和そうに見えるものの，実際は獰猛な面ももっており，自分の縄張りに侵入したものは，同種のカバのみならず，ヒトに対しても攻撃することがあるほど，縄張り性の攻撃行動は強いものです．カバは陸地に上がり，糞をしながら尻尾を回転させて，糞を周囲に撒き散らすことでマーキングします．ネコ科の動物ではスプレーマーキングといわれる，排尿時に周囲に尿を振りかける行動が観察できます．また偶蹄類のオスの多くは上半身の皮脂腺を樹木などにこすりつける行動でマーキングを行います．イヌが脚を高々と上げて電柱やポストにマーキングする姿はよく見かけます．コロラド大学の Bekoff らはイヌにマーキングされた雪を丁寧に集め，別の場所に移しました．その移された自分の尿に対して，イヌのマーキング行動を観察したところ，ほかのイヌの尿にはマーキングするが自分の尿に対してはほぼ認められなくなること，つまり他者と区別する情報が入っていることを報告しています (Bekoff, 2001)．これらのマーキングによる匂いによって，自分の縄張りの中では安心を覚え，強気に振る舞うようになります．一方，他者の縄張りへ接近した場合は緊張し，警戒する行動が発現します．このように縄張りの内外における情動反応とそれに付随した適応的行動の発現メカニズムに関しては，マウスなどを中心に研究が展開されてきました．

通常マウスは，マーキング行動に尿を利用します．尿の中には自分がマウスであることを示す種特異的な匂い，オスやメスの違い，さらには個体認知に関

わる匂い成分が含まれています．マウスのホームケージに小さな突起物を設置すると，その上をまたぐような仕草をし，尿を付着させます．これがマウスのマーキング行動です．この行動は基本的にはオスでは高頻度で，メスでも若干観察することができますが，あまり多くはありません．尿中に自己の縄張りを主張する成分が含まれており，自身のマーキングの跡には再度マーキングすることは少ないのですが，他の個体が残したマーキングの跡にはたいていの場合，上からマーキングを行います．これをカウンターマーキングとよびます．

　マウスの個体認知に関する成分としては，マウス主要尿タンパク質（major urinary protein：MUP）がよく知られており，野生下のマウスでは，このタンパク質の構成成分の違いをもとに縄張りを主張します．Hurstらの研究によると，自己のMUPと他者のMUPの違いがマーキング行動の発現に関与し，たとえば自分の尿中に他のMUPを混入させることでマーキング行動が上昇することからも，MUPの違いがマーキング行動を誘発するようです．2007年にStowersらのグループはMUPの構成成分を人為的に変化させることで，縄張り性の攻撃行動が誘発できることを示しました（Chamero *et al.*, 2007）．しかしMUPの成分が同じであっても，同じ縄張りを共有した経験がなければ侵入者としてみなされ，その結果，攻撃の対象になることもわかりました．これは個体の認知が遺伝子に刻まれたものだけでなく，その群れ社会の中で記憶されていく部分があることを意味しています．

　マウスにおける個体認知，前章で述べたようにパートナーの嗜好性にはMHCが重要であるといわれてきましたが，オスの縄張り行動に使う匂いに関してはMHCが関与する匂いではなく，MUPのほうに説得力があります．つまり，MHCは揮発性が高く，すぐに匂いが消えてしまいますが，ペプチド性のMUPであればマーキングしてからしばらくの間は匂いが持続的に拡散すると考えられます．また別の生態学の観点からもMHCとMUPを上手に使い分けている可能性が考えられます．つまり，マウスの生態を鑑みると，1つの群れでは少数のオスと複数のメス，それにその若齢動物で構成されています．とすれば，群れの中の個体間にはある程度の血縁関係が存在することになります．同じ群れの中において，兄弟間や親子間のような近親相姦は避けるべきです．この差異にはMHCが関与する匂いが関わるでしょう．すなわち，MUPは血

縁の遠いマウスの群れ特有の匂い成分として縄張りの識別に使われ，MHCはどちらかというと群れの中における血縁の強弱の判断材料に使われていると解釈可能です．

6.2 攻撃性に関わる匂い

　マウスでは，MUPの違うメス動物を導入しても攻撃対象にならないし，去勢されたオス動物の導入でも攻撃行動は観察されません．つまりMUP成分の違いだけでは攻撃行動は起こらず，"オス"の匂い成分が必須とされています．インディアナ大学のNovotnyらは，オスマウスの攻撃行動を指標に"攻撃を掻き立てる匂い"成分の分離同定を試み，2つの攻撃誘発物質，2-sec-ブチルジヒドロチアゾールとexo-ブレミコミンを同定しました（Novotny et al., 1985）．これら"オス臭さ"を示す化合物と"群れ認知"を示すMUPが相互的に作用して，マウスの攻撃行動を誘発します．この"オス臭さ"の化合物も鋤鼻系を介した神経伝達系によって脳に運ばれていきます．鋤鼻神経細胞に発現し，神経細胞の活性に必須とされるカルシウムイオンチャネルTRP2の遺伝子を欠損したマウスでは，鋤鼻神経細胞が機能しなくなりますが，このマウスは外部から進入してきたオスに対して攻撃行動ではなく，メスへの性行動であるマウント行動を試み続けてしまいます（Stowers et al., 2002）．このことは，マウスが鋤鼻系を使ってオスとメスの分別を行っている可能性を強く示しています．またKatzらは，自由行動下におけるマウス副嗅球から神経細胞の電気活動の連続的測定に成功し，オス動物やメス動物の社会的な接触中に記録を行いました．すると，同一系統のメスにのみ反応するもの，他系統のオスにのみ反応するものなど，系統特異性と性特異性をもった細胞の反応性が記録されました（Luo et al., 2003）．これは，鋤鼻器で受容された情報が副嗅球で集約され，さらに高次中枢へと伝達されていることを示しています．これらのことから，フェロモン伝達経路に位置する副嗅球は，個体や性に関する情報処理を担っていることになります．

　服部らはオスの涙に含まれるESP1の攻撃性への関与を調べました．column「ESP1の機能発見への道のり」で述べたように，ESP1はメスが受

容することで，メスがオスを許容するロードシス行動が増強しました．果たしてESP1は同性のオスにはどのような影響があるのでしょう．縄張りをもつオスにESP1を提示し，その後3週齢で去勢してオスの匂いが欠損したマウスを縄張りオスの縄張り内に導入しました．通常，3週齢で去勢されたオスは，オスらしい匂いが欠如しているので攻撃の対象になりません．ESP1を提示しても攻撃を誘発することはありませんでした．しかし，ESP1とともに成熟したオスの尿を縄張りオスに提示すると，高い攻撃性を示しました．成熟したオスの尿だけではこの効果は認められず，このことからESP1とオスの尿という複数の刺激によって，攻撃が誘発されることがわかりました (Hattori *et al.*, 2016)．また興味深いことに，ESP1を自分自身で分泌できるBALB/Cマウスを縄張りオスとして用いた実験では，ESP1の添加の効果は認められず，成熟したオスの尿だけでも攻撃が観察されました．これは自分自身の分泌するESP1を受容するためではないかと想定されました．そこでBABL/Cのオスでも遺伝的にESP1の受容体であるV2rp5を欠損したマウスを作出し，同じ実験をしました．すると，BABL/Cにおける成熟したオス尿での攻撃性が認められず，このことから，BABL/Cマウスは自分自身が分泌したESP1を受容し，攻撃性を高めることが明らかになりました．これまで自分自身が分泌したフェロモンによって行動が変わることは報告されておらず．自分自身に作用するフェロモンとしてのESP1の世界最初の機能が見出されたことになります (Hattori *et al.*, 2016)．

このように，自分の縄張りを守るマーキング行動や縄張りに侵入してきたマウスに対する攻撃行動には，MUPの関与が強く示唆されています．では縄張り内での仲間の匂いとして用いられているものはどのような匂いでしょうか．縄張りオスの攻撃行動は群れの仲間には発現しないことから，何らかの"仲間の匂い"がその弁別に使われている可能性があります．上述のとおり，仲間という関係性が構築されるとその個体間には社会的緩衝作用が生じ，不安やストレスの経験をお互いに軽減させる関係性が得られることになります．それほど，"仲間"というシグナルは重要です．中村らはこの仲間に対する攻撃の抑制を指標に，個体弁別に関わる匂い成分の特性を調べました．居住マウスは同居する去勢マウスには攻撃行動を示さず，同じ系統であっても去勢された見知らぬ

他個体に対しては攻撃を示しました．またこの攻撃は同居する去勢マウスの尿を見知らぬ個体に塗布することで抑制されることから，尿中に何らかの個体情報が含まれ，それをもとに居住マウスが攻撃対象か否かの識別をしていることがわかりました（Nakamura *et al.*, 2008）．さらに同居マウスと侵入マウスを同じ近交系マウスにしても縄張りマウスは容易に見分けたことから，遺伝的な匂い以外の制御因子の関与が考えられました．そこでまず昆虫などで攻撃対象の弁別に使用されている給餌の成分を変更した場合の影響を調べました．食餌変更前と変更後の同居マウスの尿を採取し，それぞれ見知らぬ去勢オスに塗布して縄張り内に呈示したところ，いずれの尿でも攻撃が抑制されたことから，成長後の食成分は個体の識別の匂いに影響しないこと，つまり個体の匂いの一貫性が高いことが明らかとなりました．

ではこの個体の匂いはどのように形成されるのでしょうか．個体の発達期にあたる育成環境との関連が調べられました．同胎の兄弟を離乳後に別環境で飼育しても，居住マウスは同胎個体間の識別ができず，同居個体の同胎兄弟に対する攻撃は抑制されました．しかし，居住マウスは胎生期を共有し，その後の生育環境を別に過ごした里仔マウスを識別し，攻撃しました．さらに胎生期は別の母胎内で，出生後同じ母親に育てられた同居マウスでも識別して攻撃行動を示しました．これらのことから，胎生期から離乳期までの生育環境を共有することで，同じような匂いが形成獲得されることが示されました．この結果から，同系統のマウスは遺伝的にまったく同じであっても発達期を異にすると見分けられて攻撃対象となること，つまり発達期に個体に関する匂いが獲得されることが明らかとなりました（Nakamura *et al.*, 2008）．He らは鋤鼻神経細胞におけるカルシウム応答（細胞の発火のトリガー）が，同じ C57/BL6 でも同胎個体間では非常に近似していたものの，他胎の C57/BL6 では大きく異なっていたことを報告しており，これらのことからも育成段階において個体に関する匂いが獲得されることが伺えます（He *et al.*, 2008）．

6.3 音　声

マウスやラットでは上記のとおり，縄張りの主張に匂いが多く使われます．

一方，鳥やいくつかのサル類では音声が威嚇や縄張りの主張に使われることがわかっています．夏の田園地帯ではニホンアマガエルが大合唱をしますが，これも縄張りの主張や，メスへの性的ディスプレイの機能をもつといわれています．筑波大学の合原らの研究によると，このアマガエルの合唱に規則性があることが示されました（Aihara, 2009）．アマガエルは1匹で鳴く場合もリズム感をもって鳴きますが，これが2匹になるとお互いが交互に鳴くようになります．さらに野生下では複数のカエルがお互いの距離感に応じて，鳴くタイミングを測っていることもわかりました．お互いの縄張りの主張のためには，自分が鳴いている声を相手に聞かせる必要があるため，相手が鳴いていないときに声を伝える必要があるのかもしれません．

春先の歌の名人，ウグイスは，さえずりと地鳴きという大きく2つの鳴き声を出します．さえずりは「ホーホケキョ」に代表されるようなリズム感のある鳴き声です．一方，地鳴きは「チャッチャッ」という普段はあまり聞くことのできない声になります．さえずるのは縄張り内を見張っているオスが出します．「ホーホケキョ」が他のオス鳥の接近に対して，より頻度高く，強く発せられるようになることから，縄張り宣言であると考えられています．またつがいになっている場合は，巣に餌を運ぶメスに対する「縄張り内に危険なし」の合図の役割もあるのだろうといわれています．

これらの音声もアンドロゲンの作用を強く受け，メスへの性的アピールと似たような機能をもつことから，メスにアピールしつつ，こちらは俺がいるから入ってくるな，とオスへの警戒を起こしていると考えられます．つまり，オスからの性シグナルは，メスへはアピール，オスへは警戒を促すのかもしれません．マウスのフェロモン ESP1 がメスには性的覚醒を上昇させ，オスどうしでは攻撃に使われるのと同じような機能の獲得が考えられます．

▶▶▶ Q & A ◀◀◀

Q マーキングはオスに高頻度とありますが，群れの形成パターンによらずそうなのでしょうか．

A 複数のオスが同じ場所に集い，メスをめぐって性的アピールをするレック型の動物ではあまりマーキング行動は認められません．ハーレム型の一夫多妻制，一夫一妻制の動物では，その縄張りの中にメスを囲い込み，他のオスとの接触を制限することで繁殖権を独占します．

7 動物における共感性

　群れのメンバーが近接した距離で共存し，安定して群れの移動が維持されるためには行動を同期化させる必要があります．メンバーが適当な方向に移動してしまうと，群れは最終的に分散し，散り散りになります．群れの仲間の得た情報を群れの中で共有し，行動を同期化させるには，他個体の行動を観察し，それに対して自身の身体性を一致させなければなりません．これらの同期化はゲンジボタルの点滅や魚の群れなどでも認められますが，哺乳類ではさらに進化し，行動の同期化の際に相手の意図や行動の意味を予測するような能力が獲得されたと考えられます（de Waal, 2009）．たとえば，起源的な機能としての行動を模倣するあるいは同調させる行動は，動物や乳幼児でも認められます．認知能力が未発達の人間の赤ちゃんも，親の微笑みに笑顔で反応します．飼い主のあくびがイヌに伝染することも知られています．行動の変化は情動の変化を伴うことも多く，行動の一致が情動の一致をも生むことがあります．さらに行動の同調と合わせて，視点の共有化も芽生えてきます．草原で危険を察知したインパラがある方向に頭部を向けていた場合，他の個体も同じ方向を見る行動が観察されます．とくに母仔間や家族間では，このような行動がよく観察できます．巣穴から出てきたアナグマの母親が天敵に気づき，その先を見つめていると，仔どもたちも同じようにその先に天敵の姿を探します．オオカミの狩りの場面では，獲物を定めた場合に複数個体が同じ獲物を狙うように，視線や追跡の先にある個体の情報を共有することができます．群れの移動などもリーダーに従った行動の同期化の表れととらえることができます．これが原始的な

共同注視や意図理解，さらに高度な他者視点の獲得の表れであると考えられています．

　鳥や魚では自動的な行動の同期化が起こり，統制された群れの動きが観察できますが，哺乳類ではそれだけでなく，情動状態の同期が生じる場合もあります．これは**情動伝染**とよばれ，**共感性**の起源と考えられています（de Waal, 2009）．他個体からの情動の伝染は群れや家族の中で発達してきた機能であり，他者の得た天敵などの情報に随伴する情動応答を，他個体が有効利用する仕組みと考えることができます．このような群れの安定性に関わる神経機構はヒトなどの霊長類のみならず，多くの動物で保存されてきた適応的機能です．実験動物であるマウスでも他者の痛み行動を観察することで，痛みの伝達が亢進することや（Langford et al., 2006），親和的他個体の存在がストレス応答を軽減させることが報告されました（Kikusui et al., 2006）．このことは共感性の起源といえる神経機構が，種特異的かつ生態に適応するようなかたちで保存され，社会集団を安定させ発展させることで個々の生存と適応度を上昇させるために発達した生得的な機能の一つであることを意味します．

　もう一つの群れの機能として，群れの中にいることでの"安心"が挙げられます．これは先に社会的緩衝作用として紹介しました．危険にさらされストレスを受けた個体が群れに帰ると，他個体が守ってくれるという安心を得ることができます．さらに群れの中にいる弱者を群れ全体で守る行動が発達したと考えられます．**援助行動**は「他者の苦痛を認知しそれを軽減させる行動」と考えることができ，弱者を守るような神経機構や行動の発現を促す動機づけは，共感性という脳機能で説明されます．これは群れのメンバーが遺伝的に近縁であることから，援助することで自己の遺伝子の生存確率を高めることが可能となり，適応度の観点から理解されます．とくに顕著なのは母親が幼若個体を過剰なストレスから守り，助ける行動です．この母性行動や母親の庇護は仔の正常な情動・社会行動の発達に重要な役割を担います．また，本シリーズの第4巻（浅場・一戸, 2017）では，心の理論や共感，ミラーニューロンに関する知見がまとまっていますので，興味のある方はそちらをぜひご覧ください．

7.1 母仔間にみられる共感性の起源

　ヒトを含めた動物における共感性をとらえるとき，その根源的な機能が母仔間に由来するという考え方は，母仔間の観察研究や適応的機能から見ても強く支持されると思われます．先に紹介したように，動物，とくに栄養学的に強く依存する哺乳類の母仔間では，生物学的あるいは神経科学的に解析可能な絆の形成が認められます．絆の形成は個体間の親和性を著しく高め，親密なコミュニケーションを成立させます．この親和性は，母親が仔の痛みを感じ，和らげるべく応答するメカニズム，すなわち共感性の機能としてはたらきます．さらに絆の形成によって，情動の伝染などはより顕著に認められるようになります．たとえば仔のストレス状態を母動物は常に感知し，仔の不快を解消するように行動します．逆に母親の緊張状態もすぐに仔動物に伝達されます．このように，共感性の起源は母仔間のやり取りにあり，そこから広く適応範囲が広がっていったものと考えるのが妥当と思われます．

　マウスやラットでは，巣から離れて体温が低下し苦痛を感じている仔ネズミ

---

column

母体内における母親戦略

　1980年代，「出生体重が標準よりも小さく生まれた新生児は，成長後の成人期に糖尿病や高血圧，高脂血症などのメタボリックシンドロームを発症するリスクが高い」という疫学調査の結果が報告されました．これらの研究を牽引した英国のバーカーらは，その結果をもとに"胎児プログラミング仮説"を提唱しました．この仮説では，子宮内で必要な栄養が得られなかった胎児は出生体重が減少，さらに成長期や成人時の体質変化が生じ，さまざまな障害のリスクが高まる，というものでした．進化的には胎生期に低栄養であったため，それに対抗できるようにエネルギーをためこみやすいものへと体質を変化させる，という母親戦略だととらえられます．たとえば，現代社会では，出生後には必ずしも貧困に窮することはなく，高栄養を摂取することが可能な「胎生期栄養と出生後栄養のアンバランス」になると，体質的な過栄養状況となり，代謝系の疾病を発症するリスクが高くなる，と考えられます．この仮説で提唱される体質の変化も，最近の研究から，エピジェネティクスが関わることが明らかとなりつつあります．

を巣に戻す行動は母性行動の一つです．仔ネズミは体温低下に伴うストレスに対して鳴き声を出しますが，これが苦痛シグナルとなり，親に伝達されます．仔の苦痛を知った親は，それを緩解すべく仔を拾って巣に戻し，温め始めます．このような母仔間の情動伝染は鳥類でも観察されています．ヒヨコを使った実験では，ヒヨコの不快情動を親鳥が認知し，行動と自律神経系が緊張化することが知られています（Edgar *et al*., 2011）．この変動は親鳥の間では認められないことから，母仔間における共感性の強さが示されています．一方，母親の情動状態も仔に容易に伝染されます．仔の周囲の環境に対する警戒能力は，その未発達の移動能力や感覚能力のために限られています．そのため多くの幼少動物は，同じ群れの成熟個体から危険を察知します．とくに最も近接して過ごしている親から発せられる危険シグナルは仔にとっても最も大事なシグナルとして機能し，回避行動や隠れる行動がよく観察できます．このように仔から親，親から仔，いずれの経路においても母仔間の情動伝染を最も顕著に観察することが可能です．

共感に関連する行動は親和的関係性の個体間で強く現れ，とくに絆を形成している関係性で顕著に認められます．たとえば，ヒトを対象にした研究でも，見知らぬ人の痛み行動を観察するよりも，自分の子どもやパートナーが痛んでいる様子を観察するほうが，自分の痛みとして伝わりやすいことが知られています（Singer *et al*., 2006）．このことは，絆形成の神経機構と共感に関わる神経機構が一部共通であることを意味します．その候補分子はオキシトシンです．上述のとおり，オキシトシンは絆形成に重要なホルモンですが，オキシトシンがヒトの鼻腔内に投与された場合，募金活動などの協力行動の上昇が認められています．またラットやマウスでもオキシトシンの投与により，他者の状態の認知能力が上昇し，さらに親和的な行動の発現が増加します．これらは共感性の発現と重なるところが多い現象です．

これまで絆の形成がどのように共感性の脳機能に影響を与えるのか，どの程度これらの神経回路が共通に機能するのかは明らかにされてきませんでした．現在，分子遺伝学や神経生理学の手法は格段に発展し，われわれが予想する以上の操作解析方法を生み出してきています．今後，これらの手法を駆使し，共感性の脳機能のみならず，絆形成との脳内関連性なども研究の対象となりうる

時代といえるでしょう．ボールビーらが"アタッチメント理論"を提唱してから 50 年あまりの月日が経過した今，本書で取り上げたような行動神経内分泌学や発達心理学・比較認知科学からのアプローチが有機的に結びつくことで，その答えの糸口が見つかることを期待したいと思います．

7.2 痛みの情動伝染

　前節で紹介したように，情動伝染は共感性の起源ともいえる現象で，そのなかでも動物に共通に観察されるものに"痛み情動伝染"というものがあります．痛み情動伝染とは，他者が受けている痛みを見ることで，自身の痛みや恐怖の行動が発現するようになることであり，みなさんも誰かの手に注射針が 10 本刺さっている動画をみると，自分の痛みのような思いをしたり，不快な情動が起こったりします．それが痛み情動伝染です．

　痛みの情動伝染はマウスでも観察可能です．たとえば，目の前の仲間が電撃ショックを受けていると，その見ていることが不快刺激となり，見ているマウスはすくみ行動を示します (Jeon et al., 2010)．あるいは仲間のマウスが腹腔内に酢酸を投与され，お腹を痛がる行動を示していると，自分自身の痛みの閾値が低下し，観察個体もより痛がるようになります (Langford et al., 2006)．このような痛みの情動伝染の反応性は見知らぬ個体では観察されにくく，仲間のマウスの場合により顕著に起こることから，ヒトと同じような痛み情動伝染の機構がはたらいていると考えられています．

　果たして，本当にヒトと同じようにマウスに痛み情動伝染が存在するのでしょうか．それに対する答えとして，ヒトで観察されるような現象がマウスでも再現できるかが鍵になります．たとえばヒトにおける痛み情動伝染の特徴として，①見知った相手が痛がっているとより効率よく伝達される，②男性より女性のほうが敏感，③自分自身が同じ痛み経験を受けていると，より伝わりやすいということが報告されています．これまでのマウスの実験でも①と②，つまり他者よりは仲間の痛みが伝わりやすいし，メスのほうが伝達しやすいということが明らかとなっていました．③，つまりマウスでも同じ痛み経験を共有することで，痛みの情動伝染はより起こりやすくなるのでしょうか．みなさん

も，自分が歯医者で痛い経験をすると，誰かが虫歯の治療をするところを見るだけで歯がうずく気分になると思います．これはヒトにおける経験によってより強められた痛み情動伝染です．スクリプト研究所のSandersらはこれをマウスで調べてみました．まずマウスをショックボックスに入れて，フットショックを与えました．このマウスは次第にこの箱の中にいることが怖くなり，すくみ行動を示しました．翌日，このマウスをフットショックの隣の箱に入れて，フットショックの箱に別のマウスを導入しました．新たに導入されたマウスにショックを与えたところ，それを見ていた，前日に同じようにショックを受けたマウスはすくみ行動を強く示すことがわかりました．一方，前日にショック箱でショックを受けたとしても，翌日に他のマウスにはショックを与えず痛みがない状態では，すくみ行動は認められませんでした．さらに，前日にショック箱でフットショックを受けるのではなく，水の中に入れられるという別のストレス経験をしていても，このすくみ行動の発現がないことから，共通の痛み経験をもっていないかぎり，痛み情動伝染が生じないことがわかりました (Sanders *et al.*, 2013)．これにより，マウスでも共通の経験をもつことで痛み情動伝染がひき起こされる，ということが初めて証明されたことになります．

　不思議なことに，共通の痛み経験をもってしまうと，オスとメスを比較しても痛み情動伝染の伝達効率には性差がなく，また見知らぬマウスが痛がっていようが，仲間のマウスが痛がっていようが同じように伝達されました．このことは，痛み情動伝染のオスメス間における伝わりやすさの差や，仲間かどうかということよりも，自分自身が同じ経験をしているかどうか，ということのほうが大事な要因であることを意味するのでしょう．いずれにしても，マウスにおいても同じ経験を共有すれば，相手の痛みが伝わりやすい，ということになります．

　他者の痛みを見て，自分の脳の中にある記憶が想起されるのでしょうか．その場合，自分が痛みを感じたときに活性化した神経回路は，他者の痛みを見たときにも同じように活性化されるのでしょうか．ヒトを含めた霊長類では，ミラーニューロンシステムという，他者の動きがあたかも自分の動きのように脳内で再現される現象があります．マウスにおいても痛みのミラーニューロンシステムが存在するのでしょうか．それを調べるためには，自分が痛みを感じて

いるときに活性化する神経細胞と，他者の痛みを見ているときに活性化する神経細胞が同じかどうか，ということを調べなくてはなりません．サルでは電気生理学的に，ヒトでは fMRI を用いて実験されてきました．マウスではさまざまな遺伝子や分子の操作が可能であることを考えると，このような痛みの情動伝染を制御する神経メカニズムの解明に向け，とくに共感性の分子や遺伝子に迫る画期的な第一歩といえるかもしれません．

7.3 共感性に関わる神経回路

　ヒトではこれまで神経回路や分子で語られることが少なかった"共感脳"ですが，近年のヒトの fMRI を使った研究，あるいは情動伝染モデルにおけるマウスの神経細胞の活動記録によって，"共感脳"の存在が次第に明らかにされつつあります．共感性も脳の機能であることは疑いようのないことなので，「相手の情動の受容」→「経験あるいは相手との親和関係性というフィルタリング」→「自身の情動の喚起」という回路によって共感性が発動すると考えられます．これは他者の情報の知覚から行動あるいは情動発現が起こるという，これまで知られてきた脳の機能と同じようなカスケードと多くの部分が重なります．他者の情動状態を知覚して反射的あるいは生得的にこのような機能が発動するとすれば，マウスなどでみられるようなある種，固定化された脳の基本的構造と機能によって制御されていると考えるのも妥当かもしれません．たとえばそれは性行動の発現場面と似ているといえます．性行動の場面では，相手の性を認知し，その判別に従って性行動を誘起する視床下部に異性の情報が入り，性行動が駆動されます．それと同時に脳幹のドーパミン神経系も活性化し，脳内の報酬系の活性化を伴って，性行動が維持されます．情動伝染の仕組みがおそらく母仔間の関係性から発達してきたと考えれば，母仔間における養育行動，音声や匂いを介したコミュニケーションとそれによる行動発現は，共感性の回路を調べるうえで重要な示唆を与えてくれるでしょう．実際に母動物は仔の情動状態，苦痛や飢え，寒さなどを上手に知覚して，それを緩解するように振る舞うのですから．

　情動の伝染における最も基本的かつ広範囲の動物で認められるものは痛みの

情動伝染です．身体的な疼痛がどのように脳で処理されるかについては詳細な研究が行われ，A 繊維あるいは C 繊維を通して受容された痛み刺激が，脳幹の中脳灰白質を通って即時的な応答をひき起こすことがわかりました．同時に視床にも情報が送られ，ここから体性感覚野に伝わり，具体的に身体のどこに損傷が起こっているかが処理されます．一方，視床に送られた情報は，内側の前帯状回や前頭皮質にも伝授され，これらの部位は痛みに対する情動反応を誘起すると考えられています．そのため帯状回や島皮質が主要な中継核となって，情動制御のセンターである扁桃体に伝達，最終的に自律神経系や内分泌応答，さらにはすくみ行動を発現させます．上記のように，経験の共有は情動伝染を強めますが，個々の記憶は海馬あるいは前頭葉に貯蓄されていて，帯状回から扁桃体へと繋がる回路に調節をかけると考えられています．

　ヒトにおいても"痛み情動伝染"の回路の同定が数多く試みられてきました．それには技術革新が伴っています．とくに fMRI とよばれる脳画像解析装置の開発はこのような社会神経科学の領域を大きく発展させてきました．fMRI では脳内血流量の違いを部位別に調べることを可能としました．神経細胞が活動するとき，局所の毛細血管の赤血球のヘモグロビンによって運ばれた酸素が消費されます．酸素利用の局所の反応に伴い血流増加（血液量と血流量）が起こりますが，酸化ヘモグロビンが酸素を組織に渡すことで，一時的に脱酸化ヘモグロビンが増加します．この反応に遅延して脳血流が増加することで，酸化ヘモグロビンが増加し脱酸化ヘモグロビンが減少します．この反応の過程は 6 ～10 秒程度で最大となります．一般的にはこの際の BOLD (blood oxygenation level dependant) 効果（脱酸化ヘモグロビンの減少）を測定することで，脳の活性化の指標として用いられています．上記のとおり，痛み情動伝染においても複数のプロセスが必要で，そのため痛み情動伝染に関与する神経回路も段階的にとらえていく必要があります．とくに痛みの応答には自律神経系の活性化，ストレス内分泌応答などが同時に起こることが予想されますので，これらも考慮して調べていくことが重要です．情動的喚起に関しては扁桃体と視床下部，さらには眼窩前頭皮質の関与が，情動のタイプ分けや理解に関しては，前頭皮質や前頭葉腹内側部が，最終的な情動の表出に関しては眼窩前頭皮質から前頭葉や前帯状回が関与することが示唆され始めています（図

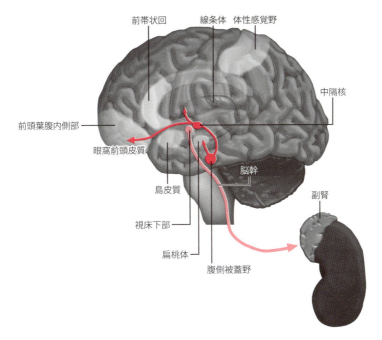

図 7.1　ヒト脳で共感性に関わる脳部位
　共感性は，脳幹や扁桃体，視床下部，線条体，前帯状回，および眼窩前頭皮質を含む脳内に広く分布した神経回路のネットワークによって機能が発動するとされている．共感性は，自律神経系（副交感神経系と交感神経系で，この 2 つは機能的には拮抗しつつ，その調和によって身体の状態が調節される），社会的行動や情動に関連する脳部位，さらに神経内分泌に関与する脳部位からの修飾を受ける．これらのことから，自律神経系および神経内分泌系と関連して，複数の脳の領域と回路の相互作用の結果として，他者への思いやりなどの共感性が機能する．
https://www.ncbi.nlm.nih.gov/pmc/articles/PMC4748844/

7.1）．自分の手が痛みを感じているときと，他者の手に痛みが加えられたときを比較した研究では，前帯状回や島皮質はいずれの刺激にも応答するものの，体性感覚野は自分の身体的痛みにのみ反応することがわかっています．とくに前帯状回や島皮質はさまざまな共感性の課題において高い反応が検出されることから，共感性を司る脳部位とされてきました．ただ，一般的な情動応答時にもこれらの部位は活性化するため，一概に共感性特異的とはいいきれないかもしれません．

　共感性を支える機能のもう一つは高次の認知機能です．とくにヒトの場合は，

情動の即時応答のような反射的な回路（ボトムアップ処理）と，認知プロセスを経て，相手との関係性や文脈を考慮した応答（トップダウン処理）の協調的な機能として発現すると考えられます．de Waal らはこの 2 つのシステムをそれぞれ，"情動チャネルの共感性""認知チャネルの共感性"として扱っています（de Waal, 2009）．共感性に関わる高次の認知機能は大きく 2 つが知られており，"自己と他者の弁別"と"他者視点"です．情動伝染が単純な情動状態のコピーであったのに対し，自己と他者を弁別することで，異なる情動状態の喚起が可能となります．たとえば，嫌いな相手が何か失敗するとついうれしくなるなどはこれに相当します．この心理的状態は"シャーデンフロイデ"とよばれ，京都大学の高橋らが，喜びとして報酬系が活性化することを報告しています（Takahashi et al., 2009）．もう一方の他者視点は，「相手の立場に立って物事を考えられるか」です．共感する際に相手の立場に立って考え，相手の気持ちと同じような情動が喚起されるとすると，それは他者視点を介した疑似的な同一体験といえるでしょう．高度な他者視点はおそらくヒトのみが可能といわれていますが，似たような現象はサルでも観察することができます．他者視点に関与する可能性のある神経細胞として，ミラーニューロンが同定されたことはたいへん興味深いことです（Rizzolatti and Craighero, 2004）．前節で述べたようにミラーニューロンは，相手の動きをみるだけで，自分自身が動かなくても同じような神経活性を示す神経細胞のことです．つまり相手の動きが自身の動きを伴わなくても，脳内で再現されているといえるかもしれません．このミラーニューロンの機能はいまだに議論の渦中にありますが，相手の動きの理解，模倣や共感，さらには他者の心を読む，という機能との関連が提唱されています．しかし，たとえば自分が痛い思いの経験をした後の，同じ痛い思いをしている人を見たときの脳では，帯状回や島皮質の活性化が関与しており，ミラーニューロンシステムは関わらないことが知られており，実際にミラーニューロンが共感性，とくに情動の伝染を制御するかどうかは今後の研究課題といえます．

　ヒトの fMRI 研究で実際の脳の機能と共感性を結びつけるのは実は困難な問題を含みます．なぜなら，fMRI のデータはどこまで行っても"関係性"しかわからないからです．時間に関する解像度があまり高くないことから，共感を

感じた結果として活性化した部位と共感を駆動した脳の部位の分離が難しいことが挙げられます．脳の機能を実証するには特別な研究が必要となります．ラットやマウスであれば，人為的に脳の一部を破壊して，その機能が障害されるかを調べるなどで行われてきました．しかし，ヒトではそうはいきません．それに類似する研究としては，ヒトにおける疾患患者に参加していただくことです．たとえば脳の一部に障害をもつ方の共感性を調べる，などがこれにあたります．たとえばこれまで先天的に痛みを感じにくい方を対象としていくつか研究が行われてきました．この患者の方々は自分自身が皮膚の痛みを感じにくいのですが，他の人が手に痛みを受けている場面を見ると，健常者とほぼ同等の前帯状回や前頭皮質の活性化が認められました．このことから，自分の身体的痛みと他者の社会的な痛みを感じるシステムは別物である可能性が示唆されます．一方，前頭皮質に障害をもつ認知症の方々は，他者の痛みを認知する能力が低下し，その結果として共感性の反応が消失します．このような共感性の障害は"認知チャネルの共感性"に限られるようで，痛み情動伝染のような"情動チャネルの共感性"は正常に稼動することが知られています．一方，動作を模倣させるなどの運動性の障害を抱えるハンチントン病の患者さんたちも同じく共感性に障害を抱えますが，認知チャネルは正常で，情動チャネルの障害を伴います．このように障害を抱える方々に協力いただく研究は次第に増えつつあり，ヒトの脳機能も次第に明らかになってきました．

7.4 なぐさめ行動

　思いやり，道徳的な行為というのは長らくヒトに特徴的な機能であり，言語をもたない動物ではそのような高次の社会活動はできない，と信じられてきました．確かに相手のことを思いやるには，それなりの認知機能が必要で，"心の理論"として知られる"サリーとアンの課題"（7.7節「ヒトの特異性」）のような他者視点から物事を考えられる能力は，他の動物では観察することが難しく，ほとんど認められていません（Gallese and Goldman, 1998）．

　では道徳はヒトのみが獲得した機能でしょうか．公平性や他者への思いやりは動物の世界では認められないのでしょうか．公平性に関しては，これまで紹

介してきたように，不平等嫌悪として動物でも調べ始められてきています．では思いやりはどうでしょう．動物も群れや家族で生活することから，お互いを支えあって生きなければなりません．群れが群れとして機能するためには，群れの仲間も自分同様に活力をもって，群れの一員として活躍してくれなければ，群れ全体の生存価値は低下し，次第にそのつけは自分自身にも回ってきます．それを防ぐために，群れのメンバーがある程度元気に生命活動や群れの機能として役割を果たすような仕組みが存在することが有利にはたらくと想像できます．群れが活動的であれば，自分にも利益が回ってくるというわけです．それは人間社会で唱えられている公平性や福祉の概念と共通するものがあります．他者が痛みを感じていれば，みなでこれを支えるような仕組み，それが保険であり，福祉活動といえるでしょう．このような観点をもって動物の世界をみれば，動物がただ集まって集団を形成するだけでなく，そこにはお互いを支えあうような機能が観察可能であると考えることができます．かのチャールズ・ダーウィンも『人間の由来』の中で「共感が，社会的本能の最も重要な一要素として自然淘汰によって発達したことは，まず疑いえない」と，道徳の起源が動物から発生しただろうと提唱しています（Darwin, 1871）．

これまでそれを支持するような研究が霊長類を中心に報告されてきました．

動物に"なぐさめる心"はあるのか

これまで，逸話的には動物にもなぐさめる心があるといわれてきました．たとえば，ゾウは傷ついたわが仔をみて，そばに寄り添い，そして涙を流すともいわれました．またイヌも飼い主が落ち込んでいたり，悲しい気持ちでいるときにはそばに来て，たとえば飼い主の涙を舐めてくれたり．仔ザルたちどうしでいじめられた個体に，周囲の大人ザルが寄り添ってあげるなどが観察されています．動物で最初になぐさめが確認されたのはチンパンジーです．チンパンジーでは，喧嘩に負けた個体に対して他の個体が近づき，熱心に毛づくろい行動をします．これによりストレス反応が減弱することから，なぐさめ行動とされました．また，チンパンジーでは喧嘩のあと，興奮がやまない個体に対する"なだめ行動"も観察されています（図 2.4 参照）．まあまあ，落ち着いて，といったところでしょうか．

7.4 なぐさめ行動

飼育下のチンパンジーでは，喧嘩の後に興奮している相手をなだめる行動が認められ，なだめられたチンパンジーは次第に行動的に落ち着くことが知られています．ただし，このチンパンジーのなだめ行動は野生下では認められないことから，留意が必要かもしれません．このように，大脳が発達した霊長類ではこのような事象がいくつか報告されてきました．このことから，認知機能が高度に発達しなければ公平性や思いやりは生じないのであろうといわれてきました．この疑問に対し，ヤングらはプレーリーハタネズミを用いてその実証を目指しました．これまで何度となく紹介してきたプレーリーハタネズミ．哺乳類では珍しい一夫一妻制をとる動物で，その絆の深さは驚くばかりです．本来，プレーリーハタネズミは米国中部やカナダの乾燥した吹きっさらしの草原に暮らし，種や昆虫を主食として，地下につくられた巣穴で生活しています．厳しい環境のせいか一夫一妻制をとり，夫婦仲良く仔どもを育てます．このことは一つの仮説を導き出しました．もし仔育てをするパートナーの元気がなかったら自分の仕事も増え，仔どもたちの成長効率は低下するだろうと．つまり夫婦がお互い元気でいることは，一夫一妻制をとる動物であればとても大事な要因と考えられるわけです．ヤングらはペアになっている片方を巣から取り出し，他の部屋で電撃ショックを与え，その後巣に戻してみました．その結果，オスでもメスでも反応は同じ，ストレスを経験し動揺したパートナーに触れ，毛づくろいを始めました．パートナーを巣から取り出すものの，ショックを受けずに巣に戻すという操作では，このような行動は観察されませんでした．つまりパートナーのストレス状態を感知して，せっせと毛づくろい行動をとったことがわかりました．さらにこの毛づくろいを受けた個体では，ストレスホルモンであるコルチコステロンの値が低下し，ストレスからほどなく回復しました（Burkett et al., 2016）．これらのことから，この毛づくろい行動は，相手のストレス状態を感知して，なぐさめの反応をひき起こしていることを示唆しているといえます．では動物でも本当になぐさめ行動が存在するのでしょうか．たとえばヒトの場合には，泣いている子どもを抱きしめて落ち着かせようとしている状態が"なぐさめ"と，とらえられています．これまで齧歯類でのなぐさめ行動が観察されていなかったことから，その定義自体が確定していませんでした．改めて物を言わない動物におけるなぐさめ行動を定義してみると, (1)

ストレスを感じた相手に対して特異的に発現すること，（2）相手の選択が存在すること，（3）その行動を介して，ストレスを受けた個体の不安や恐怖，ストレス反応などが軽減されること，が必要と考えられます．ヤングもその点を明らかにすべく，実験を追加しています．パートナーになっていないハタネズミを使ってショックを与えた後に同居させましたが，毛づくろい行動は観察されず，またストレス反応が軽減されることもありませんでした．

　ヤングらはさらに，その神経メカニズムにも迫りました．前帯状回とよばれる前頭葉の後部に的を絞りました．ここは上述のように，親和的関係性にあるヒトが恐怖や痛みを感じている場面を観察することで活性化し，痛み共感を司る部位として知られています．実際にショックを受けて帰ってきたパートナーと過ごしたプレーリーハタネズミでも前帯状皮質の活性化が観察されました．この部位の活性化の度合いは，毛づくろい行動とも相関を示しました．ヤングらはさらに研究を発展させました．オキシトシンの拮抗薬を前帯状皮質に投与されたプレーリーハタネズミでは，不安をもつ仲間に接しても共感的な毛づくろい行動を示しませんでした（Burkett *et al.*, 2016）．このようにヒトの母性や社会的絆形成を促す脳内化学物質であるオキシトシンが，思いやりやなぐさめ行動に関わることは非常に興味深い結果といえます．

　なぐさめに類似する行為はこれまで，比較的脳が大きく，社会性が高い動物でしか観測されていませんでした．サル，ゾウ，イヌなどで，それも逸話的な観察に限られていました．しかしこの研究によって，齧歯類のように小さな動物でもストレスに落ち込んだ仲間をいたわることが初めてわかりました．ヤングは，「究極的には，ヒトに特徴的だと思われていた行動の多くが，自然選択によって複雑な認知能力をもたない動物でも見つけられるかもしれない．今回の結果から，動物がわれわれと同じように共感を体験しているとは限らない．違った仕組みを使っているのかもしれない．それでも，共感となぐさめの起源は，かつて考えられていたよりも多くの種に存在する可能性が示せたと思う」と語っています．

　動物はどのようにこのようななぐさめ行動を獲得したのでしょうか．おそらく，なぐさめ行動はなぐさめられた個体にとってメリットがあるのはもちろん，その行為を示した個体にも何らかのメリットが生じたのでしょう．たとえば，

他者の苦痛が軽減することで，自分自身の苦痛も軽減できる，あるいは仲間が元気だと自分にもその恩恵が得られる，というようなものが考えられます．そのようなお互いにとってのメリット，群れ全体へのメリットが生じることが，この行動を発達させたのかもしれません．小さなハタネズミがお互いを思いやる方法を知ることは，ヒト社会のあり方の理解にも一助となると期待されます．たとえば，母性行動や親和性を司るオキシトシンが共感性やなぐさめ行動に関わることから，これはヒトでも同じような機構が想定され，他者に対して協調性や共感性を欠く人たちの治療法につながるかもしれません．人間社会における支え合いの心は果たしてどのように制御されているのか，今後の研究が期待されます．

7.5 援助行動

　駅のベンチでお腹が痛くてうずくまっている人をみかけると，「大丈夫ですか？」と声をかけることでしょう．公園の噴水で滑って転んでいる子どもをみると駆け寄って手を差し伸べ，助けてあげるはずです．日常場面で，このような援助の手を差し伸べたこともあれば，差し伸べてもらったこともあるでしょう．他者を助ける，それも血縁でない相手を助ける行動は，実は生物界では珍しく，これまでヒト特異的な行動ではないかとまで議論されてきました．動物の世界をみても，母親が仔を助けることはもちろん，血縁で形成された群れにおける援助行動はいくつかの動物種で観察されています．たとえば，ゾウの仔が天敵に襲われそうになると大人のゾウが周囲を囲んで，天敵からの攻撃を防御します．コチドリは地上に巣をつくりますが，卵やヒナを狙って近づいてくる天敵がいると，傷を負って飛べないでいるかのような動作をして侵入者の注意を引き，卵やヒナから遠ざけようと懸命に演技します．これらの「自分の労力を払い，直接的に利益に結びつかない」行動は利他的行動とよばれ，「血縁個体に向けられた場合は，同じ遺伝子を保有しているので，進化的には有意にはたらいた」と解釈されています．つまり自分の一部を共有する仲間であるからこそ成り立つとの考えです．

　上述のような血縁関係のある個体に向けられた援助行動に加えて，ヒトの場

第7章 動物における共感性

合は援助行動や支援は広く血縁個体以外にも向けられる特徴をもちます．事実，東日本大震災で被災した人たちへの支援は世界各地から送られてきました．ほかにも，新大久保駅で線路に落ちた男性を助けようと線路に降りた日本人カメラマンと韓国人留学生が電車にはねられて死亡するということもありました．このような広範に及ぶ援助行動は，上記のような進化論的には解釈が難しく，ヒトの特徴的な行動であるとされています．

このように助け合いや慈愛の精神は，最も尊ぶべき人間の行動の一つといえるかもしれません．しかし，そのような他者を助ける行動は，どこから進化発展してきたのでしょうか．de Waal によると，彼の提唱する援助行動，すなわち「共感性の認知によるチャネル」を達成するには，自己の認知と他者の認知が必要で，その認知のうえに「相手の立場に立った理解」と「相手を積極的に助ける」という行動が伴ったときに認められるものであり，これはチンパンジーでは観察されるといっています．たとえば，協力しなければ得られない台の上の食べ物をとるために，チンパンジーたちは力をあわせて，台につながったロープを手で繰り寄せます．このようなレベルに到達するには高い社会認知能力が要求されることになります．これまで自己認知に成功しているチンパンジー，アカゲザル，イルカ，ゾウなどはこの部類に入りますが，他者と協力して作業することも報告されています（de Waal, 2009）．

果たして，このような援助行動は本当にヒトを代表とするような高度な認知機能を獲得した動物だけにみられるのでしょうか．シカゴ大学の Mason らはラットでも仲間に対する援助行動が認められると報告しました（Ben-Ami Bartal et al., 2011）．その論文は，仲間が小さな筒に入れられた場面に遭遇すると，ドアを開けて外に出すという行動が学習され，次第に上手に助け出すことができるようになるというものでした．確かに小さな筒に閉じ込められたラットは窮屈そうで，実際にストレスホルモンであるグルココルチコイドが上昇します．助けられたラットはその拘束から解かれて自由になります．しかし，この論文では，助けたラットがその後自分自信も筒に入る様子が観察されたことから，仲間を助けたというよりむしろ，仲間と触れ合いたいからとか，仲間がいた筒に自分も入りたいからではないか，との指摘を受けていました．そのため，本当の援助行動かどうかの議論が続きました．

これに決着をつけた論文が，関西学院大学の佐藤暢哉によって報告されました（Sato et al., 2015）．Masonらの実験では助けたラットが狭い筒に入るのが問題であったため，入りたくないようなもっと違った状況に仲間を入れておけばよいだろうということで，水浸実験が考案されました．この実験では，装置が2つの部屋に区切られています．片方の部屋は水が張ってあり，もう片方の部屋はちょうどプラットホームのようになっていて，水から出て上がることができます．この2つの部屋は仕切られているものの，真ん中に丸いドアがついていて，その取っ手をプラットホームのほうの部屋から押すとドアが開くようになっています．つまり，溺れた仲間は自力では脱出できないけれど，プラットホームの部屋にいるラットが取っ手を押してドアを開けると，その隙間からプラットホームに逃げられる，というものです．

　共感性をより強く成り立たせるには，親和的な関係性が必要なため，まず血縁のないラットを4週間の間一緒に飼育して，親和的な関係性を構築させました．その後，片方のラットを浸水させ，もう片方のラットをプラットホームの上に置きました．最初の5分間，プラットホームのラットはあちこちを探索していますが，時に偶然にもドアの取っ手に触れ，そのことでドアが開くことがあります．もちろんラットはドアの取っ手を押すことでドアが開くことを知っているわけではありません．偶然の出来事です．ただ，その偶然の出来事で，仲間のラットは陸に上がることができました．そして，その実験を毎日繰り返すと，ドアを開ける行動は次第に早く達成されるようになり，12日目には数秒で開けるようになりました（Sato et al., 2015）．さらに予想どおり，ドアを開けたラットが水に入ることはなく，Masonらの実験で懸念されたことは起こりませんでした．

　さらに実験が追加されました．ラットは相手と遊びたいからドアを開けたのではないか，との指摘に対しての検証を行いました．片方のパーツを水浸ではなく，そこにもプラットホームを置いて陸地にすれば解決できます．もし相手と合いたい，遊びたいからドアを開けるとすれば，ドア開けは浸水のときと同じように観察されると想定されます．もし相手が窮地にあり，それを感知して援助するなら，陸地どうしの場合は，ドアを開けることは起こらないと想定されます．さて結果はというと，陸地にするとドア開け行動は安定することはな

く，開けたり開けなかったりでした．このことから，相手と合いたいからドア開けをしたのではないことがわかりました（Sato *et al.*, 2015）．

　最後に，ドアを開ける個体に，実験開始前に水に溺れる経験を積ませてみました．ヒトでも過去に同じ経験をしているほうが共感性が高く発動して，援助行動の発現も強いことが知られています．ドアに指を挟まれた経験をもつと，同じようにドアに指を挟まれた人をみると心が痛むのは経験があるかと思います．果たしてラットではどうでしょうか．すると，水に溺れた経験をしたラットは，溺れた経験のないラットに比べて圧倒的に早く相手を救出するようになりました．これらのことから，ラットは相手の苦痛を感じることができること，さらにその苦痛は自分も同じ経験をすることで増加すること，その苦痛を取り除くためにドア開け行動を学習していくことが明らかとなりました．

　ほかにも砂漠にすむアリでは，仲間が砂に埋もれると，その砂を移動させて救助することも観察されます．仲間を助けるという行動は，その個体の生存確率には直接的には寄与しないものの，血縁個体の生存確率が上昇するものや，群れの機能が向上することによる間接的な恩恵によるものと考えることができるでしょう．

7.6　ヒトとイヌの共感

　イヌは特別な動物です．飼い主を特別視し，慕い，そのまれなる忠誠心をもって，飼い主との特別な関係を構築します．世界にはさまざまな動物が存在しますが，イヌほどヒトに近く，親和的に，そして阿吽の呼吸で共に生活できる動物はほかにはいないでしょう．イヌは3～4万年ほど前からヒトと共に歩みだした地球最古の家畜です．この長い共生の過程において，イヌとヒトとの間には言語を用いない特殊なコミュニケーションの能力が獲得されたとされています．たとえば，イヌはヒトの視線を追従し，ヒトの指差しに対して高い理解力があります．このような視線を使ったコミュニケーション能力は人間の心的活動，とくに共感を生じるための原点としても，とても重要なものといわれています（永澤ほか，2015）．

　ではイヌとヒトは共感できるのでしょうか．逸話的には溺れているヒトをイ

ヌが助けたとか，泣いていると慰めに来てくれた，というのはよく耳にします．共感が成立するためには他者の情動状態を察知し，それに適した情動や行動の応答が必要になります．また親和的な関係性の存在が共感性を高めることも広く知られています．イヌとヒトとの共感の存在を支えるためのこれらのイヌの機能を振り返ってみます．まずはイヌにおけるヒトからの情報の利用です．上述のとおり，イヌはヒトの視線の方向を理解することや，視線を用いて取れないものを飼い主に取ってもらうなどの，視線を用いたヒトの操作をすることが知られています．このことから，イヌはヒトからの情報を有効活用していることがわかってきました．次に，ヒトの表情の認知に関しての研究です．永澤らはイヌがヒトの表情を弁別する能力をもつことを示しました（Nagasawa et al., 2011）．またヒトの感情的な音声を聞き分け，適切な行動をとることもできます．近年，イヌの fMRI を用いた研究で，ヒトの褒める声や声の抑揚を聞き分け，情動的な側面はヒトと同じように右の脳で処理していることもわかりました（Andics et al., 2016）．また永澤らは，イヌと飼い主との間に，オキシトシンを介したポジティブループが存在することを実証し，生物学的な絆の形成を明らかにしました(Nagasawa et al., 2015)．またこのポジティブループがオオカミでは認められないことから，イヌがヒトとの共進化で獲得した能力である可能性を示唆しています．これらのヒトに類似したイヌの認知機能は，おそらくヒトの情動を察知し，共感する可能性を強く示唆しています．

ではもう一つの大きな課題，イヌとヒトとの間に「他者の理解を介した同情」は存在するのでしょうか．この他者の理解は「きっとあの人はこう考えているだろう」という高度な認知機能を必要とします．実はイヌの能力として"他者の理解"の原点を見出すことができるだろうと示唆されています（Hare et al., 2002）．たとえば，"他者の理解"のために必要といわれている"他者の視線の理解"，つまりヒトやイヌが何を見ているかを実験により知ることができます．たとえば飼い主が散歩の前にリードを見るとか，今はテレビに集中しているとか，ヒトの視線の先を見分けて，「あ，もうすぐ散歩だ」「今は相手にしてもらえないな」というような理解があり，その理解に従った行動を示します．実験的にもヒトから見えるものと見えないものを区別して，適切に判断することが明らかになりました．専門用語では共同注視（joint attention）と

■イヌの指差し実験■

a 視線，指差し，タップが
含まれた情報を与える

b 視線，指差しの
情報を与える

c 指差しだけの
情報を与える

　人からの指差しや視線による指示をイヌは理解できるが，チンパンジーやオオカミはできないという衝撃的な報告は，不透明なカップを2つ並べて，どちらかのカップにこっそり餌を隠し，餌の入っているカップを指差しで教えるというとても簡単な実験によって明らかになりました．現在，動物種や犬種の違い，あるいは指示の出し方の違いによってこの能力に違いはあるかについて，世界中の研究者が追試を繰り返しています．是非愛犬で試してみてください．

準備：
実験に必要な人数：2名
同じ種類の不透明なカップ2個
小さく切ったおやつ

　イヌの目の前で伏せたカップの中におやつを入れ，イヌがカップに触れたりしたら開けて食べさせます．これはカップの中にはおやつが入っていて，触れたら食べられるということをイヌに教えるための訓練です．2つの伏せたカップのどちらかにおやつを入れるところを見せて，入っているほうのカップに必ず触れることができるようになったら準備完了です．

テスト：
①両手を左右に広げたくらいの間隔で2つのカップを床に置きます．
②1mくらい離れたところにイヌを待たせて，手などで目隠しをしている間にどちらかのカップに餌を隠します．
③イヌの目隠しを外し，イヌがあなたのほうに注目したら，イヌの顔を見ながらおやつの入っているカップを指差しします．このとき上図のa, b, cのように与える情報を多く，あるいは少なくすることで課題の難易度を変えられます．
④イヌを解放し，カップを選ばせます．正解したらカップをすぐに開けておやつを食べさせます．（不正解の場合は，カップを上げておやつを見せるだけです！）

バリエーション：
下をむいたりしてイヌの顔をみないようにして指差しをする．
指差しせずに，正解のカップのほうに顔を向ける．
正面を向いたまま，視線だけで正解のカップを見る．

いわれています．この能力は自分の視点だけでなく，他者の視点がどこにあるのかもわかることなので，相手の考えや意図を理解するために必要なものといえます．このことから，イヌの行動のなかには"他者理解"の芽生えがあるといえるかもしれません．イヌ以外の動物では，たとえばチンパンジーでは，実験はチンパンジーのケージの前にヒトが立ち，チンパンジーの後ろの木々を指差し，視線を送って，それに追従してチンパンジーが木々を見るか，という課題が実施されてきました．京都大学の板倉らは大型類人猿を含む11種の霊長類を対象に実験を実施しました．対象としたのは，ブラウンリーマー，ブラックリーマー，リスザル，フサオマキザル，シロガオオマキザル，ベニガオザル，アカゲザル，ブタオザル，トンケアンザル，チンパンジー，そしてオランウータン．実験対象の個体と十分なアイコンタクトをとった後，実験者が相手の右後方もしくは左後方を指差すという課題を行いました．その結果，信頼できる確率で実験者の指差す方向を振り向いたのは，チンパンジーとオランウータンだけでした（Itakura, 1996）．すなわちチンパンジーとオランウータンは，ヒトである実験者の注意の方向を理解して，そこに自分の視線を向けることができました．イヌの能力はこれらの霊長類にも匹敵することになります．

　もう一つ，イヌにはとても重要な社会的知性として，交互凝視（gaze alternation）が知られています．この交互凝視とは，たとえば誰かが何かを見ているときに，その人の顔をみて視線を追跡し（gaze following），その対象物を予測した後に，再度その人の顔を見るように，視線を対象と相手の間で行き来させることです（Miklósi et al., 2003）．ヒトにおける交互凝視には相手が何を見ているかの"確認"の段階から，自分が何かを欲している場合に相手にその自分の欲しいものを見てもらいたいというふうに，自分の視線を相手に理解させるように仕向ける"催促"，さらには自分の感情を伝えるための"共感"の機能までが存在するといわれています．実はイヌでは，交互凝視の"催促"までできることが示されています．この実験はとても簡単なので，もし興味のある方は是非自分のイヌでもチャレンジしてみてください．まずは容器に餌を入れ，イヌに自由に取らせます．その後，餌が自由に取れないように蓋をします．そうすると，最初イヌは前足や口を使ってどうにか開けようと努力しますが，それが難しいと思うとはたと諦めて，飼い主を振り返り，視線を送る

■イヌの振り返り実験■

イヌの交互凝視実験は以下の方法で簡単にできます．

準備：
- 大きめの箱
- イヌの大好きなお菓子（おもちゃでも可）
- ガムテープ
- 箱をガムテープでしっかり固定できる場所（床が傷つかないようご注意ください）

①イヌを待たせて，箱の中にお菓子を入れます．その後マテを解除して食べさせます（10回くらい）．
②イヌを待たせて，箱にお菓子を入れて軽く蓋をかぶせます．マテを解除してイヌに自分で蓋を開けて中身を食べさせます．
③何度かやって，イヌが自分で食べられるようにします．
④蓋をしっかり閉めて，箱をガムテープで床に固定します．箱の前でイヌを待たせた後，マテを解除します．

イヌは自力でフタを開けることができません．さて，マテを解除したあと，どのくらいであなたに助けを求めるでしょうか？ イヌのあなたへの甘えん坊度がわかるかもしれません．

ようになります．これが"催促"の視線です．みなさんも自分のイヌが，ドアを開けてほしいとき，お水がなくなったとき，おやつを取ってほしいとき，振り返って飼い主を見上げてくると思いますが，これが"催促"の交互凝視です．筆者の家のコーディーはこの交互凝視がとても得意でした．朝，研究室に来るとおやつの入っている棚をまず見ます．そしてその棚からおやつを出してくれ

ると期待される私の隣に座っている先生を凝視し（飼い主である私は自分のイヌにはあまりおやつを与えません），棚とおやつをくれる先生の間で交互凝視を行います．それでもおやつを取り出してもらえない場合は，私を見て，その後おやつをくれる先生を見ます．私がコーディーにおやつを上げることはないので，まさに「おやつをくれる先生におやつを出すように言ってください」とお願いしているような行動です．これだけ高度な"催促"をされるとさすがにおやつを渡さざるをえなくて，コーディーはちゃっかりとご褒美をもらえる，という感じの行動が観察されます．

　このような心的機能のなかでも，とくにヒトに特徴的であるといわれるものがあります．それは三項関係，あるいは三項表象といわれるものです．三項関係とは，"自分""他者""対象"の関係のことをいいます．これは自分と他者が同一の対象を見ていることを理解できることです．「あなたがいて，私がいて，そして共通の世界が存在する」というイメージです．三項関係が存在することでヒトは他者に共感でき，世界に思いを馳せることができるようになります．赤ちゃんは6か月を過ぎると，お母さんが提示した物とただそこに置いてある物に対する関わり方に微妙な違いが，対象物に対する注視時間などの違いとして認められようになります．さらに8か月齢になると，受け手としての役割や選り好みがはっきりとしてきます．たとえば，お母さんが持っているものに対して声をだして「ちょうだい」と催促するようになります．10か月を過ぎると，三項関係はさらに確かな"やりもらい関係"に発展し，「ちょうだい」から「どうぞ」の与える側にもなって，次第に"やりもらい関係"の役割の交換が盛んになり，次第にその関係を楽しめるようになります．生後1年ころには，言葉がなくても，「ありがとう」や「どうぞ」のような動作も状況にうまく合わせて表現できます．実はこのやり取りには非常に高い社会的知性が必要とされるといわれます．"やりもらい関係"がさらに発達すると，ボールなどの物体をやりとりするのも同じ関係であり，他者との間で言葉のやり取りも可能となっていきます．たとえば，「だれが何をどうする」という文章の骨格は実は三項関係で成り立っています．そのため，三項関係の成り立ちは言語発達にも必要不可欠だと考えられています．そして現在までこの三項関係が成り立っている動物はヒトだけであろうといわれてきました．

ではイヌには三項関係は成り立たないのでしょうか．最も単純かつ，実際に起こりうるものは食べ物の共有です．つまり，相手がいて，食べ物があって自分がいる，その場面で相手の要求を理解し，その食べ物を相手に渡す，という状況です．これは動物の世界でも認められる行動になりますが，そこに"自己認知"の知性が基盤となってくれば，ヒトと同じ社会的知性としての三項関係をもっている可能性が高くなるといえます．そのため，現在多くの動物で"食べ物の共有"の実験が多くなされてきました．京都大学の山本らによるチンパンジーの実験では，相手の要求に応じて，餌を取るために必要なステッキを渡してあげることがわかりました（Yamamoto et al., 2012）．ただこの研究では，チンパンジーを長い時間トレーニングしなければならないこと，また相手のチンパンジーが強く要求しないと手渡さないことから，いまだ完全な"自発的な食べ物の共有"のような行為とはいわれていません．Hareらはボノボを使った実験を実施し，見知らぬボノボが隣の部屋にいるときに，自分だけが餌をもらっていると，隣の部屋との間の扉を開けて，一緒に食べるという行動を見出しました（Hare and Kwetuenda, 2010）．これは他者の福祉に配慮した行動として価値の高い研究といえます．一方，親仔で認められる給餌は多くの動物種で観察されています．有名なものに，鳥の親がヒナ鳥に餌を持ってくるものがありますが，この行動は反射的にプログラムされたものであり，自己認知などができなくても成り立ちます．イヌでも現在，このような"食べ物の共有"を調べる研究が広く行われていますが，決定的な結果は得られていません．イヌにおける自己認知課題や三項関係は，今後の研究に期待し，ヒトとイヌが共感を形成できるかの研究がどこまで発展するのか，その結果が非常に楽しみです．

7.7 ヒトの特異性

数多く報告されているヒトの特異的な心的機能．そのなかでもまずは"心の理論"を紹介します．実験的には"サリーとアンの課題"という名称でよく知られています．下記のような手続きの実験です（図7.2）．

（1）同じ部屋にサリーとアンという女の子がいる．サリーはおはじきを持っ

7.7 ヒトの特異性

図 7.2 サリーとアンの課題
(1)〜(4)は本文を参照.
https://www.ncbi.nlm.nih.gov/pmc/articles/PMC3737477/

ていて，サリーはそのおはじきを自分のかごの中に入れる．
(2) その後サリーは部屋から出ていく．
(3) その間にアンがサリーの入れたおはじきを，アンのかごに入れ替える．
(4) そして，サリーが部屋に戻ってきたときにサリーはどちらのかごを探すでしょうか？　と質問をする．

この質問に対して「サリーのかご」と答えるのは，通常の大人の答えです．みなさんもきっとそう答えたでしょう．つまり，サリーはおはじきを入れたが，その後部屋を出て行ったときにアンが入れ替えたことを見ていないので，知ら

ない，だから，サリーはサリーのかごを探すだろう，という推論をしたことになります．別の言葉では，「サリーの立場に立って，世界を見ることができる」，これが"心の理論"です．この課題ができるようになるには，いくつかの心の機能が必要となります．まず，他者視点をもつこと，つまり相手からは何が見えているかが必要です．次に，その他者視点で得られた情報をもとに，相手の心の中を推察する能力が必要となります．この過程において，他者が自分とは異なる意識をもつと考えることができることもその要件に入るでしょう．これらの心的な機能が発揮できれば，この課題は達成可能と考えられます．ヒトでも3歳児まではこの課題が苦手で，5歳になるとほぼすべてのお子さんができるようになります．また自閉症のお子さんではなかなかできないともいわれており，かなり高度な能力を必要とすることが推察されてきました．

　本当にヒトに特異的な能力なのでしょうか．高度な認知機能をもつチンパンジーなどを対象に，その能力の発芽を見出そうという試みは多くなされてきました．チンパンジーは他者を欺くことができるし，他者の動機づけがあるかどうかを理解することもできました．さらには，協力して何かの課題をなすとき，その相手が協力的な相手なのか，それともあまり協力的ではないのかなどの判断もできました．上記のとおり，視点取得もできました．これらのことから，心の理論を成り立たせるいくつかの要件はクリアできています．しかし，チンパンジーに「あとから入ってきたサリーがどちらを選びますか？」と尋ねることはできませんでした．

　この問題を最近のテクノロジーが解決しました．テクノロジーとは，視線計測装置のことです．視線計測装置は，ヒトではとてもよく使われていて，ヒトが何をどのくらい見ているのかを詳細に解析することができます．たとえば，恋人どうしが向き合って話をするとき，相手の何を見ているかを調べると，お互いが目の周囲に視線を向けていることがわかります．子どももお母さんに話しかけられると，お母さんの目を見ながら話を聞きます．これらのテクノロジーは動物用にも展開され，たとえばチンパンジーは仲間の目だけでなく，口を見ることなどが次々と明らかになってきました．

　今回のチンパンジーの実験の設定は以下のとおりです．まずチンパンジーのきぐるみを着た2人のデモンストレーターが登場します．視線計測をされて

いるチンパンジーはその登場チンパンジー 2 頭（人）の様子を見ています．かくれんぼをするように，片方のチンパンジーが右手にあるわらの家の後ろに隠れます．その後，探しているチンパンジーは奥手に行っていなくなります．奥手のチンパンジーがいない間に，手前で隠れていたチンパンジーは左手のわらの家の後ろに移動，その後にまた画面から消えていなくなります．いなくなったところで，探していたチンパンジーが奥から帰ってきました．さて，帰ってきたチンパンジーはどこを探すのでしょうか．まさにサリーとアンの誤信念課題です．このとき観衆のチンパンジーには視線計測機がついていて，何を見ているかがわかるようになっています．実験には 14 頭のチンパンジー，9 頭のボノボ，7 頭のオランウータンが参加しました．その結果，22 頭がいずれかのわらの家を見ましたが，そのうちなんと 17 頭が右手の最初に隠れたわらの家を見たのです！（Krupenye et al., 2016）つまり，探索チンパンジーは最初に隠れたほうに向かうだろう，と予測したことを意味します．

　この結果から，チンパンジーやオランウータンのような大型の霊長類にも，相手の誤信念を理解し，行動を予測する能力があること，つまり"心の理論"の存在の可能性が示されました．最初にこの課題が開発されてから 40 年あまり，動物に「あとから入ってきたサリーがどちらを選びますか？」と聞けなくとも，機械を用いてどうにかそれを解くことができる時代の到来です．

　ほかにもヒト特異的といわれている能力はあります．もちろん代表的なことは，言葉でコミュニケーションをとることで，これは他の動物にはできない能力です．前頭葉を用いた未来予測，卓越した道徳なども基本的にはこの他者視点の獲得と言語の発達，ということが基盤にあるだろうといわれています．最近の研究ではそのほかにも，他の動物には認められない能力が指摘されています．それは"社会性の高さ"です．相手のことを思いやる，という視点取得だけでなく，広範な協力行動や援助行動は，他の動物ではまったく認められません．その基盤となる能力は何でしょう．血縁個体ではない，他者とのつながりを構築する能力，それがヒトのこのような広範な社会共同体をつくっているといえるかもしれません．

　見知らぬ人どうしがつながる仕組み，そのようなものが本能的にヒトに備わっているのでしょうか．定藤らは，ヒトの視線の使い方に着目した研究を実

施しました（Sadato, 2017）．目を合わせるという行動が実はヒト特異的であり，大型の霊長類ではほとんど観察することができません．ヒトは見知らぬ相手でも，出会ったとき，あるいは話をするときに視線を合わせます．日本人は割に苦手だといわれていますが，それでも仲良くなると目を合わせて話すようになります．目を合わせる頻度が上がることで，たとえば相手が何かに視線を移動させると，ほぼ自然に相手の見ているものに視線を合わせて移動させるようになります．先の共同注視などがその例で，見つめ合いは相互理解を高めるといえるでしょう．このような視線を合わせることによる共同注視の促進は，子どもから成人へ成長するなかで自然と獲得されていきます．このお互いが見つめ合い，お互いへ注意を向け合うことが，ヒトが他者と潤滑なコミュニケーションを行うための前提となる能力と考えられました．そして視線を交わすことで個体間の親和性は高まり，お互いを受け入れ，信頼するようになります．では，ヒトが他者と見つめ合っている際にどのような変化が私たち自身に起こっているのでしょうか．定藤らは二者が視線を使ってコミュニケーションをとっている際の脳活動を同時に記録可能な，特殊な fMRI を用い，脳活動を解析しました．重要な点は，その研究室には 2 台の MRI 機器が並び，2 人の脳活動を同時に解析することができるという画期的な装置が備わっているということです．今回の研究で注目したのは以下の 3 つです．まず，（1）共同注視の際にヒトはどのようなコミュニケーションをとっているのか，（2）一度共同注視をしたことのある親和性の獲得された相手と初めての相手とで何が異なるのか，そして最後に（3）共同注視をしている最中の脳内神経機構はどうなっているのか，です．

　実験は，初対面の実験参加者がペアになり，2 日間にわたって行われました．1 日目は，見つめ合いの状態にある 2 人の脳活動を計測しました．さらにその見つめ合いの際の瞬きが記録されました．その後参加者ペアは，相手の視線を見ながら画面の下に出てくる物体に注意を払うという，共同注視の課題を約 50 分間行いました．2 日目は 1 日目と同じペアに対し，1 日目と同様に fMRI 装置を用いて見つめ合いによる注意共有状態の脳活動と行動を計測しました．さらに対照実験として，互いのリアルタイムの視線や表情ではなく，事前に撮影しておいた顔映像をビデオで再生し，その場合の見つめ行動の際の脳活動と

行動の記録も行いました．

　まず1日目の解析では，ペアになった2人の間で瞬きの同期の度合いを調べたところ，とくに有意な同期は起きていませんでした．非常に興味深いことに，2日目の見つめ合い課題では，2人の間に瞬きが同期し始めました．このときの脳活動をみると，1日目の実験で有意な活動の同期がみられた大脳皮質の右中側頭回に加えて，右下前頭回（弁蓋部）や腹側運動前野など，さらに広い範囲において2人の脳活動に同期が認められました（Sadato, 2017）．そして観察された脳活動の同期は，瞬きの同期の度合いと関連していたというのです．つまり，初日に一緒に課題をすると，翌日は瞬きが同調し始め，そしてそれに比例するように脳内の活動も同期し始めます．対照実験，つまり2日目にライブ画像でコミュニケーションをとるのではなく，ビデオを再生した場合，被験者はビデオであることはまったく意識できず，わからなかったものの，瞬きの動機は消失し，それに応じて脳内活動の同期も失われていました．このことから，ヒトには見つめ合いの間に次第にそして無意識に瞬きが同期を始め，これがきっかけになって共同注視の際に，同じものを見ているという意識と共有に関する脳部位の同期が促進されたと考えられます．ヒトは見つめ合うと瞬きが同期して，それを介して次第につながっていくのだといえるでしょう．ヒトが見知らぬ相手とつながるメカニズムの一つに瞬きの同期がある可能性を示した貴重な研究です．

7.8　道徳の起源

　共感性や協力行動，あるいは他者視点などの実験を介して，複雑な社会を形成するヒト特異的な能力の起源が動物にも認められるようになりました．では"道徳"のようなものは動物にも存在するのでしょうか．それとも"道徳"はやはりヒトに特異的なものなのでしょうか．動物の世界には道徳は成り立ちえないのでしょうか．ここでは道徳の起源を進化的側面と脳機能から探ってみます．

　道徳を支える心的機能を考えてみましょう．de Waalは道徳を動物で調べる場合，2つの柱を考える必要性を解いています．一つは"共感性"つまり相

手を感じ思いやることです．もう一つは"公平性"すなわちお互いの福祉を思いやることです．共感性に関してはこれまでみたとおり，動物でもそのいくつかは確認できました．また他者視点をもつことは難しいものの，チンパンジーやイヌではその可能性が示されています．これらのことから，ある程度の共感性は動物でも見出せます．

　公平性に関しては，3.3節「不平等をきらう」で紹介したように，社会性の高いフサオマキザルなどではその存在が確認できています．この実験では，2個体が同じ課題をするのに，そのご褒美として異なった報酬，片方にはご褒美としてぶどうが，片方にはキュウリが与えられると，キュウリをもらったフサオマキザルはただちに課題を中止し，場合によってはもらったキュウリを実験者に投げつけたりもします（Brosnan and de Waal, 2003）．同じ課題を達成したのに，与えられる報酬の不平等に対して嫌悪感をもったためと解釈されています．マウスでも，みんなで筒に閉じ込められていればあまりストレスを感じませんが，自分だけが筒に閉じ込められて他のマウスが周囲を移動していると，非常に高いストレスホルモンを分泌します．このように，自分が他の個体よりも得られるものが少ない場合や自分だけが不幸な状況の場合に示す嫌悪，不平等感は動物でももちうるものでしょう．

　では，自分だけが得をするような不平等に対してはどうでしょう．ヒトの社会では，自分だけが得をすることを嫌うことが知られています．これにはさまざまな解釈がなされており，ヒトは他者視点の能力が高いため，自分だけが得をするということに対しての周囲の反応を気にするからなどということがいわれています．春野らはヒトを対象に，ゲーム課題において金銭の授受で自分だけが得をする場合，自分だけが損をする場合の脳活動を調べました．すると，自分が損をする場合には，不安や嫌悪に関係する扁桃体が活性化しましたが，自分が得をする場合も同じように扁桃体が活性化しました．やはりヒトでは自分が得をする，というものに対しての嫌悪があり，その基盤は自分が損をするのと同様であることが，神経科学的に明らかになっています（Tanaka *et al.*, 2017）．動物で認められる自分が得をする不公平な嫌悪に近いものとして報告されたものが先に紹介したHareらのボノボの実験です．見知らぬボノボが隣の部屋にいるときに自分だけが餌をもらっていると，隣の部屋との間の扉を

開けて一緒に食べる行動を示します．これは自分だけが得をすることに対しての対処，あるいは他者の福祉に配慮した行動，と考えることができるでしょう．これまで，動物での道徳，というのは認められないだろうといわれてきましたが，このような研究が発展することで，私たちの知らない動物の世界の，共に生きるための他者との間の道徳的な法則が見つかるかもしれません．これらのことから，道徳とは群れの中の秩序や効率性を高めるための機能と考えることができます．動物でも群れの秩序があります．序列をもつ動物には資源の支配や分配に関して厳しい掟が存在しますし，それを破ることは無礼にあたり，上位の個体から激しい罰を受けることになります．群れで狩りをするならば，狩りでどれだけ貢献しようが，多くの動物で獲物を分け合うわけで，そこには公平性といえるような資源分配が見てとれます．他者が痛めばその傷を癒やすことで不快感を除去できることになりますし，そのことで群れの活動性も回復するでしょう．このような"群れにおける道徳心"を広く維持するためには，その動機づけが必要になります．多くの場合，そこに情動が関わると考えられます．不公平という状況になると不快感や攻撃性が高まることで，他の個体の行動を抑制します．言うまでもなく，共感性に関しては情動が深く関わっています．道徳が理論でだけでは語れないのは，情動や感情が深く関わっているからでしょう．たとえば私たちに身近な動物倫理や福祉の問題も同じだと考えられます．動物の苦痛をヒトが苦痛と感じるようになったことから，このような人道的対処が広がっているわけです．功利主義的に考えると，動物の扱いが不当であったとしても，それが人間の個人の生活に影響することがなければ，進化論的にはあまり価値をもたないため，不当な扱いを中止することにはつながらないでしょう．ヒトが動物の心的状態を科学的に理解できるようになり，ヒトと同じような機能をもっているのだという前置きのもとで，動物の苦痛をとらえ，共感し（自己投影），人道的に扱うことを願うようになります．「何に対してどういう情動が生まれるか」のほうこそが道徳心の起点といえるかもしれません．

7.9 道徳の神経科学

　ヒトの道徳心とは，世界共通で語られるような雰囲気がありますが，実際のところは文化によって大きく異なる点もあります．この場合の文化とは，個々のヒトの群れのようなものかもしれません．群れの決まりが異なれば，道徳心のあり方も変わるでしょう．世界を広く見渡せば，そのような道徳心の多様性にも気づかされます．しかし，その多様性を超えた，道徳の普遍性も認められます．ヒトに普遍的な道徳があるとすれば，その基礎をなす神経回路が脳のどこかに存在するはずです．近年，ヒトのMRIを用いた研究で，その一端が明らかにされつつあります．まずは道徳的な課題が必要です．これは有名な"トロッコ問題 (trolley problem)"が用いられました．この課題は，「誰の命を助けるか」という道徳的判断に直結する課題です．以下の文章を被験者に伝え，最終的な判断をしてもらうことになります．

　エピソード1：線路を走っていたトロッコの制御が不能になった．このままでは前方の線路で作業中の5人が猛スピードのトロッコに避ける間もなく轢き殺されてしまう．

　エピソード2：参加者は，このときたまたま線路の分岐器のすぐ側にいたとする．参加者がトロッコの進路を切り替えれば5人は確実に助かる．しかしそのトロッコが進入することになる別の路線の先に別の人が1人で作業しており，5人の代わりにこの1人が死ぬことになる．

　エピソード3：被験者はトロッコをどのように誘導すべきか．

　読んでいただくだけでもおわかりになるかと思います．かなり厳しい課題です．参加者は上述の手段以外では誰も助けることができないとされています．つまり単純に「5人を助けるために他の1人を犠牲にしてもよいか」という問題です．もちろん，何らかのアクションを取る取らないにせよ，法的な責任は問われません．全体の利益を中心に考える功利主義で考えると1人を犠牲にして5人を助けるべきです．しかし誰かの命を何かの目的のために「意図的に」使用してよいのか，という決断は難しいものです．自分自身の行為が1人の命を奪うことになるのですから．なかには多少のバリエーションがあり，エピソード2が異なるものもあります．たとえば，「参加者は線路の上にある

橋に立っており，その横に他の作業員がいる．隣の作業員はかなり体重があり，もし彼を線路上につき落とせば，それが障害物となってトロッコが止まり5人は助かる．その場合，突き落とされた作業員はトロッコに轢かれて死ぬことになる」というものです．このバージョンの場合，最初の課題では参加者の行為は「分岐の切替え」にすぎず，それによって1人が死んだことは，「たまたま不幸にも巻き込まれた」とも理解できます．つまり責任は多少軽くなります．しかし，突落としバージョンでは，はっきりと「殺意をもって隣の作業員をトロッコに激突させる」という行為が必要になり，かなり責任の重い決断です．では，果たしてあなたはどちらを選択しますか？

これまでの研究では，最初のエピソード2では89％の人が5人よりも1人の命を犠牲にするほうが正しいと感じるようです．しかし，橋の上から落とすバリエーションの場合，これが11％にまで低下します．つまり，ある選択によって行為をとった場合の害（たとえば誰かが死ぬような出来事）は何もしなかったことによってもたらさせる危害よりも非道徳的だと判断されること，さらには肉体的な接触を伴う危害は，肉体的な接触のない危害よりも非道徳的だと判断されると解釈されます（Greene et al., 2001）．

この課題を使って，ハーバード大のGreeneらは，fMRIによる脳の活性部位を調査しました．その結果，橋から突き落とす課題での選択場面では，内側前頭回，後部帯状回，両外側上側頭溝の活動が増加しました（口絵写真参照）．このことから，おそらくこれらの脳部位が道徳的な判断を行う領域だと考えられます．それに対して，個人が直接関与しないような行為の選択場面や，道徳とは関係のない選択場面では，背外側前頭葉，頭頂葉などの作業記憶に関連した領域が活性化しました（Greene et al., 2001）．つまり"道徳的"な判断時に特異的な活性を示す場所が存在していることになります．脳のどこかには"道徳"の価値判断をする脳部位があるということでしょう．またヒトの臨床研究において，前頭葉のうち，腹内側部（vmPFC）に損傷を受けたほうが，これまで正常な社会的振舞いや情動を示していたにもかかわらず，道徳的な判断が必要な場面において冷静に（冷酷にともいえる）"功利主義的"な選択を示すようになるそうです．たとえば誰かを犠牲にしなければならないような集団の決定（企業の大型リストラなど）において，多くの方が葛藤を感じると思

われますが，vmPFC を損傷された方は冷静に全体の利益を選ぶ確率が高くなります．これらの研究から，やはり脳の中には道徳を司る部位があるといえるでしょう．ただ，これらの部位は価値の判断や社会的情報処理に使われている部位でもあります．とくにコストベネフィット分析を行う際にも同じ部位が活性化することから，"意思決定"という共通のプロセスに関わっているだけかもしれません．そうすると，他者を慈しむ心や罪悪感は別の場所にあるのでしょうか．今後の研究を待たねばなりません．

Q 痛みの共感を司る部位として前帯状回が挙げられていますが，喜びのような快の共感を司る部位はあるのでしょうか．

A 快の共感，とくに情動伝染に関しては前頭葉，とくに内側眼窩前頭皮質と，前頭葉腹内側部の関与が示唆されています．また相手の苦痛に対してまれに喜びを感じることがあります．たとえば嫌いな上司が失敗をする，嫌いな相手が叱られるなどの場合，線条体が活性化することが知られています．線条体は，脳内の報酬系であるドーパミン神経系の投射を強く受けている場所で，おそらく他者の不幸によって，脳内の報酬系が活性化したためと考えられています．「他人の不幸は蜜の味」，それは脳内のドーパミン神経系の仕業かもしれません．

Q ヒトの注意の方向を理解して，そこに自分の視線を向けることができたのは大型類人猿のなかでチンパンジーとオランウータンだけとありますが，この実験結果を説明できそうな，2種がほかの大型類人猿と区別される特徴のようなものはあるのでしょうか．

A この実験では用いた大型霊長類が，チンパンジー，ボノボ，オランウータンの3種となっています．そのすべての種で"心の理論"が成立するような視線の移動が観察されました．その他の大型霊長類，ゴリラは実施されていませんので，ゴリラができないわけではありません．ゴリラも実験するとできる可能性があります．ただ，ゴリラの頭部はヒトと大きく異なるため，視線計測の機械をゴリラサイズに特注しなければなりませんね．

Q&A

 野生の動物の群れの道徳心を研究するのは,たいへん難しいことと想像されます.現在どのような研究が行われているのでしょうか.

 野生動物での"道徳心"の研究は非常に困難です.よく観察されるのは,餌の共有や分配です.本文(7.6節)で紹介したボノボの食物分配は,たいへん貴重な結果だと思います.そのほか,チンパンジーや新世界ザルでは,不平等嫌悪,なぐさめ行動,なだめ行動などと考えられる行動も野生下で観察されていますが,実際にそれらの行動が発現するかどうかは,実験室での統制された環境下による実験が必要になります.現在,野生状態に非常に近い環境において,これらの実験的な統制が可能となりつつあり(たとえば,1個体だけを対象として実験するのではなく,3個体あるいは群れ全体を実験空間に入れて,その行動発現を調べるなど),今後の成果が期待されます.

8 共に生きる

　生物は単独種として進化してきたものはほとんどありません．動物の生息密度が小さい場合は，お互いに出合う頻度も少ないので，動物は個々の能力で独立に増殖し，その生態系の限界容量まで増え続けようとします．しかし，増え続けていった結果，動物は他の動物との出合いが増え，その存在を無視するわけにはいかず，互いに相互作用を及ぼし合うようになります．天敵であったり，捕食相手であったり，あるいは生息域を争うライバルであったり．進化の根源的な理解としては，競争の社会を生き抜いてきたもの，つまり勝ち組が現在の生存種といえるでしょう．弱く，環境に適応できなかったものは滅びていった

> **column**
>
> ### 赤の女王仮説
>
> 　生物がある状態を維持するためには進化し続けなければならないという仮説で，1973 年に L. van Valen により提案されました．ルイス・キャロルの小説『鏡の国のアリス』中の登場人物にちなんで"赤の女王"という名前でよばれています．この仮説では，進化し続けない者，すなわち立ち止まる者は状態を維持できずに，絶滅に至ったり適応的に不利な状態になったりすることを意味します．たとえば，ウサギとキツネの関係です．ウサギはキツネに捕まらないようにさらに足が速くなり，急なターンも切れるようになります．すると，進化しないキツネはウサギを捕まえられずに死に絶えることになります．キツネがさらに速く走れるように進化すると，進化しないウサギは食べられてしまいます．生物の"軍拡競走"ともいわれます．種の絶滅や種間関係への適用とともに，ハミルトンらによる有性生殖の進化の説明において使われました．

と考えられます．このような相互作用をうまく利用できるように進化してきた動物が現在もこの地球上で生き残り，繁栄を遂げることができたわけです．このような異なる生物どうしがお互いに影響し合って進化していく過程を"共進化"といいます．代表的な例は，競争の過程で，勝ち残りをかけたお互いの進化です．たとえば穴に隠れたウサギが，穴から出てきたときに素早く逃げる身体能力を獲得すると，追いかけるキツネもさらに尾を大きくし俊敏に走れるようにしてきたことが想定されています．このような進化の仮説を"赤の女王仮説"あるいは"軍拡競走"とよびます（column 参照）．しかしその競争のなかに，いいえ，競争だからこそ，協力し合う種どうしも誕生し，進化してきました．繰り広げられる競争の過程で，お互い異種間であるものの，協力することでその生命をつなぎ，進化発展する手段を選んだ動物が存在します．競争の時代を越えて，他の生き物と共に生きる道を選んだ動物の例として，ヒトとイヌの関係を紹介します．

8.1 ヒトとイヌの共進化

　近年の遺伝子解析技術の発展は，動物の進化的な理解を進めました．ヒトの遺伝子の解析は言うまでもありませんが，イヌの進化に関する論文も多数発表されています．Savolainen らはヨーロッパ，アジア，アフリカ，米国北極地方原産の 654 頭のイヌとユーラシア大陸に生息する 38 頭のオオカミを用いてミトコンドリア DNA（mtDNA）を解析しました．その結果，イヌは 6 つのクレード（遺伝的に似たグループ）に分類されました（Savolainen et al., 2002）（図 8.1）．またイヌの遺伝子のなかにはオオカミの遺伝子がところどころに点在していました．図 8.1 の A〜C の 3 つのクレードに分類された犬種の数は大きく，その 3 つを合わせるとイヌ全体の 95.9％を占めていました．また，この 3 クレードにはさまざまな地域のイヌが含まれており，イヌが各地域で独自に発生したというよりはむしろ共通の祖先をもち，それが各地に拡散していったと考えられました．また Savolainen らにより調べられた mtDNA の配列の中にも犬種を明瞭に分けるような塩基置換はみられないようです．このことは，犬種が作製された期間が短く，遺伝的な変異が蓄積するに

第8章 共に生きる

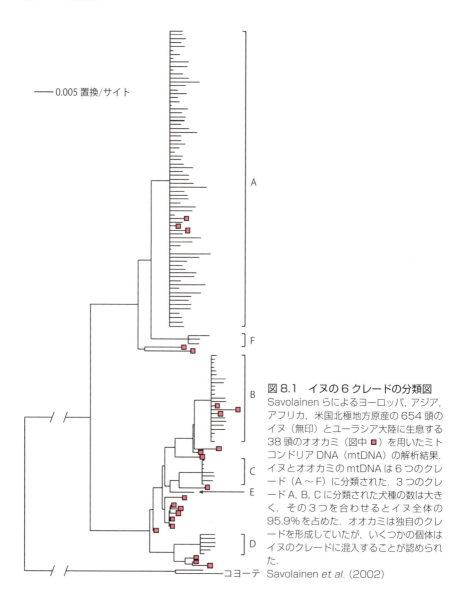

図8.1 イヌの6クレードの分類図
Savolainenらによるヨーロッパ, アジア, アフリカ, 米国北極地方原産の654頭のイヌ(無印)とユーラシア大陸に生息する38頭のオオカミ(図中■)を用いたミトコンドリアDNA(mtDNA)の解析結果. イヌとオオカミのmtDNAは6つのクレード(A〜F)に分類された. 3つのクレードA, B, Cに分類された犬種の数は大きく, その3つを合わせるとイヌ全体の95.9%を占めた. オオカミは独自のクレードを形成していたが, いくつかの個体はイヌのクレードに混入することが認められた.
Savolainen *et al.* (2002)

至らなかったことを意味します. それでもmtDNAの遺伝的な多様性を指標として犬種間の変異を解析したところ, 柴犬や秋田犬を含む東アジア由来の犬種が最も多様性に富み, オオカミのそれと比較的類似することがわかりました.

これらのことから，イヌの起源は東アジアであることが提唱されました．

2004年にはParkerらによって，常染色体上のマイクロサテライト配列を用いた犬種間比較が行われました（Parker et al., 2004）．マイクロサテライト配列とはゲノム上に散在する反復配列であり，遺伝子としての機能はもたないものの，その繰返しの回数には多型があり，それが個体の遺伝的な特徴として指標となります．この研究では，85犬種からなる合計414頭のイヌの96個のマイクロサテライト部位の多型について比較解析がなされました．その結果，414頭のイヌはほぼ犬種ごとに分類することができました．これにより短い時間で作製された犬種であってもマイクロサテライトの情報をもとに解析すると，遺伝的に分化していることが示されたわけです．次にこの情報をもとにクラスター解析を行ったところ，アジア原産の犬種と北欧アジア系のスピッツタイプの4犬種（シャー・ペイ，柴犬，秋田犬，チャウ・チャウ，図8.2）を含むクラスターが大きく他の犬種から分離されました．その他の多くの欧米で作出された犬種についてはまとまって検出されてしまい，うまく分離することができませんでした．このことから，mtDNAを用いても，マイクロサテライトマーカーを用いても，柴犬や秋田犬を含むアジア系の犬種が遺伝的にオオカミに最も近く，古代のイヌの特徴を有していることがわかりました．

このような遺伝的な推移を受けつつ，イヌはヒトと共生する能力を獲得したと考えられています．その詳細は上述のとおりですが，イヌはヒトと共生するようになったことで，他の遺伝子にも変異が蓄積してきました．Zhagらは，ロシアと中国のハイイロオオカミ4頭，中国の野犬3頭，そして家畜化された育成種3頭（ジャーマン・シェパード，ベルジアン・マリノア，チベタン・マスティフ）を用い，網羅的遺伝子解析，つまり遺伝子の端から端までをすべて読み出しました．中国の野犬を含む東南アジアの野犬は日本犬と同じく，遺伝学的には欧米に由来する純血種のイヌとオオカミの中間の存在と考えられます．網羅的な遺伝子比較によって，気質に関与するセロトニンなど神経伝達物質の運搬やコレステロール生成，そしてがん遺伝子といわれるものがイヌとオオカミの間で選択的に推移していることが明らかとなりました．非常に興味深いことに，オオカミとイヌで推移した遺伝子は，ヒトでも食習慣と行動を制御する遺伝子であり，同じように疾患にも寄与することがわかっています．その

図 8.2 スピッツタイプの4犬種
(a) シャー・ペイ,(b) 柴犬,(c) 秋田犬,(d) チャウ・チャウ.
チャウ・チャウ,秋田犬はウィキペディア https://en.wikipedia.org/wiki/Chow_Chow, https://en.wikipedia.org/wiki/Akita_(dog) より.

ほか,イヌとヒトは肥満や強迫神経症,てんかん,そして乳がんといった疾病に関する遺伝子も共有していました(Axelsson et al., 2013).

個々の遺伝子は,もちろん病気のために存在するものではありません.病気に直結するような遺伝子変異は淘汰を受けるので,集団に固定化されることは少ないでしょう.今回見出された遺伝子は,ある側面は有利であったはず,あるいは少なくとも不利にははたらかなかったはずで,そのためイヌで変異が蓄積されたと考えられます.その半面,ある環境下ではその遺伝子の機能が有害ということもありえます.たとえばでんぷんの消化に必要なβ-アミラーゼの遺伝子はオオカミではあまり機能していませんが,イヌではその10倍以上の機能をもつことがわかりました(Axelsson et al., 2013).つまり,オオカミ

は肉食で，イヌが雑食であることの証となった遺伝子です．この遺伝子の機能差は今回の研究でもオオカミとイヌの違いとして明瞭に観察されています．イヌがヒトと生活するようになり，穀物などの炭水化物を摂取し，それを有効利用できることはエネルギー資源の拡大を意味し，イヌの生存確率を飛躍的に上昇させたことでしょう．ヒトも同じく，β-アミラーゼの機能のおかげで炭水化物をグルコースへと変換することが可能です．しかし，β-アミラーゼの機能は，食物資源が乏しかった時代には非常に有益であったものの，現在ではメタボリックシンドロームに代表されるような代謝性疾患の根源的な原因の一つでもあります．

このように考えると，イヌはヒトとの共生ででんぷんの消化能力を獲得し，そのことによるヒトの食べ残しの穀物から大切な栄養を取り入れられるようになったものの，現代ではそれがイヌの疾患の原因になっているかもしれません．実際に，糖尿病のイヌや肥満のイヌ，がんの発生率などは上昇しています．ヒトとの共生，共家畜化によってもたらされた遺伝子とそれを取り巻く環境によるものが原因と考えられます．食環境が豊かになり，競争の原理がさほどはたらかなくなる環境，ヒトとイヌは共にそのような生活を続けてきました．お互いが支え合うことで得たこの環境，もう一度原点に帰って，本来の姿を見直す時期なのかもしれません．

8.2 共生という概念

地球上にはさまざまな生物が共生し，その生命を繋いできました．このような多種多様な生物の出現の基本となるものは自然選択や性選択などで，より優秀な個体は多くの繁殖の機会を得て，その遺伝子を多く次世代へと伝承することになるという過程を経たものになります．冒頭にも記載しましたが，チャールズ・ダーウィンの『種の起源』に記載されているように，進化の過程では生き残る力のあるものが競争に勝ち残り，競争に破れたものは滅びていくという生存競争の関係が成立します．これが最も強い進化的な選択圧になったことは誰の目にも疑いようがないでしょう．しかし，生物の進化をとらえるとき，ある生物種が単独で進化を遂げてきたのではなく，他の生き物と互いに影響を及

ぼし合って進化してきたことも，とても重要な要因となっています．このような場合，相手のために何かをしてあげるというような利他的なものではなく，自分が生き残るために相手を利用し，相手も自分を利用しうるという互恵的な関係が自然界の共生であり，どちらも緊張した生き残りのうえに成立しています．このように，さまざまな生物が互いに関係し合うことで，個体で生きていくよりも，はるかに強く生き残れる社会が自然界における共生社会です．常に

ローレンツが愛したイヌ，スタシ

イヌの研究は，コンラート・ローレンツ抜きに語ることはできません．みなさんもご存知のとおり，ローレンツは動物行動学を体系化し，学問として科学的に取り扱った先駆的研究者です．1973年にノーベル医学生理学賞を受賞しました．その動物の行動を観察する鋭さ，科学的理解の深さ，洞察力は今も目を見張るものがあります．当時の科学技術では解析が困難であった，たとえば遺伝学的な推察，行動の背景にある神経科学などを含めて，動物の行動からそのメカニズムと適応的意味を解いており，そしてその仮説がほぼ正しい，という驚異的な研究者です．

彼は愛犬家としてもよく知られており，多くのイヌと生活を共にしています．"The bond with a true dog is as lasting as the ties of this earth can ever be（本当のイヌとの絆は，ヒトがこの地球とのつながりがあるように，永遠のものなのです）"と書いているように，イヌとヒトとの絆形成に関して，なみなみならぬ関心をもっていました．あまりも有名な著書『人イヌにあう』ではローレンツと生活を共にしたイヌの特性や彼との関係性が多々記されており，その感性あふれた内容に感銘を受けます．「私のイヌが私が彼らを愛する以上に私を愛してくれるという明らかな事実は否定しがたいものであり，つねにある恥ずかしさを私の心にかきたてる．ライオンかトラが私をおびやかすとすれば，アリ，ブリイ，ティトー，スタシ，そしてその他のすべてのイヌは，一瞬のためらいもみせず，私の命を救うために絶望的な戦いに身を投ずることだろう．よしんばそれが，数秒の間だけのものであっても．ところで，私はそうするだろうか？」とまでイヌの忠誠心，飼い主への絆を説いています．とくにシェパードとチャウ・チャウとの間の仔として生まれたスタシの話は，何度読んでも心打たれるものです．野生のオオカミのような風格をもちながら，飼い犬として研ぎ澄まされた能力を表した非常に賢いスタシは，ある日ローレンツとの別れを迎えることとなります．ローレンツが家を離れるとき，スタシはまだ9か月の仔イヌでした．3か月後のクリスマスに帰ったとき

8.2 共生という概念

生物間の敵対や競争という緊張関係でいるよりも，もしかしたら共生のほうが安定し，その個体にとっても有益な環境を得ることができたのかもしれません．このような共生によってもたらされる利益は，生物多様性を維持するうえで必要不可欠です．そしてそのことを動物たちは本能的に知っているのかもしれません．

私たちも人間であると同時に，動物たちと自然界の共生の時代をたどってき

はローレンツを喜んで迎え入れ，賢いスタシでした．しかし，その後ふたたびローレンツが家を出るとき，別れの象徴であるスーツケースの用意を始めるや否や，スタシの行動が激変します．不安と恐怖におののき，常に呼吸は荒く，寝る素振りもみせません．それはまるでノイローゼのような状態．大切な主人が，ふたたび自分をおいてどこかへと行ってしまうのでは，たとえそれが一時的なものであっても，スタシにはあまりにも重大なことだったのです．片時もローレンツのそばを離れず，後をついてまわるスタシ．ついに出発の日，ローレンツはスタシを閉じこめて駅へと向かわなくてはならなくなります．スタシは落ち込み，絶望したかのようにおとなしくなり，まったく動かなくなりました．駅に向かうと，遠くから静かについてきます．そしてついに列車に乗り込み別れのときとなると，スタシは果敢にも列車に飛び乗ろうとします．ローレンツはそれを遮り，線路にスタシを突き落とすはめになってしまいます．スタシと別れなければならなかったときの，ローレンツの気持ちはどんなものだったのでしょう．その後，スタシは誰のいうことも聞かず，野生動物と化し，ニワトリやその他の動物を殺生するようになります．最終的には人にも咬みつこうとしました．家族はスタシのことを諦め，ディンゴのオリに入れざるをえませんでした．主人と離れ離れになってしまったイヌは，どんなに賢いイヌでさえ，落ち込み不安定になり，何をしているのかさえわからなくなってしまうのです．ふたたびローレンツが帰ってきたとき，スタシの示した行動はなんともいえない情景として記されています．ローレンツに気づいたスタシは 30 秒間の，天まで届かんばかりの遠吠えをし，その後ローレンツに飛びつき，はしゃぎ続けました．その歓びを全身で表現したとき，スタシを苦しめていた主人との別離という悲しい現実は完全に消し去られ，かつての利口で従順なスタシへと戻るのです．このイヌのヒトと共にいることの歓びこそが，われわれをイヌ好きにさせる原動力なのでしょう．最終的にはスタシはまたローレンツと別居せざるをえなくなり，動物園のオオカミのオリに入れられ，空襲をうけて亡くなってしまいます．6 年間の犬生で，スタシはローレンツと 3 年にも満たない期間しか一緒にいられませんでした．それでもローレンツは「彼女は私が知っているイヌのうちでもっとも忠実なイヌだった，私は非常にたくさんのイヌを知っているのであるが」と結んでいます．

た生物学的な"ヒト"でもあります．その生物学的な"ヒト"は社会の中で生き，活躍し，死んでいきます．その基本的な機能は本書で紹介してきたような他の動物と同じく，進化の過程で獲得してきました．その一部は哺乳類など他の動物と同じ機能を有しており，また一部はヒト特異的でもあります．私たち人間が"ヒト"として存在してきたのも，他の動物たちとの関わりがあったからこそといえるでしょう．私たちを取り巻く自然の発する声に耳を傾ければ，自分たちの生き方が周囲に与える影響や，すべてが共に生きている現実を理解することができるだろうと期待できます．ヒトも動物も1人では生きていけません．それは生殖を手に入れ，仲間との関わりから生まれた動物の宿命の一つなのでしょう．

参考文献

浅場明莉，一戸紀孝（2017）『自己と他者を認識する脳のサーキット』，市川眞澄 編，ブレインサイエンス・レクチャー 4，共立出版．

市川眞澄，守屋敬子（2015）『匂いコミュニケーション―フェロモン受容の神経科学』，徳野博信 編，ブレインサイエンス・レクチャー 1，共立出版．

菊水健史（2015）『情動の進化，情動と社会行動』，朝倉書店．

永澤美保，外池亜紀子，菊水健史，藤田和生（2015）ヒトに対するイヌの共感性．*Jpn. Psycholog. Rev.*, **58**, 324-339.

山崎邦郎（1999）『においを操る遺伝子』，工業調査会．

Aihara, I. (2009) Modeling synchronized calling behavior of Japanese tree frogs. *Phys. Rev. E*, **80**, 011918.

Andics, A., Gabor, A., Gacsi, M., Farago, T., Szabo, D., Miklosi, A. (2016) Neural mechanisms for lexical processing in dogs. *Science*, **353**, 1030-1032.

Asaba, A., Okabe, S., Nagasawa, M., Kato, M., Koshida, N., Osakada, T., et al. (2014) Developmental social environment imprints female preference for male song in mice. *PLoS One*, **9**, e87186.

Axelsson, E., Ratnakumar, A., Arendt, M., Maqbool, K., Webster, MT., Perloski, M., et al. (2013) The genomic signature of dog domestication reveals adaptation to a starch-rich diet. *Nature*, **495**, 360.

Bekoff, M. (2001) Observations of scent-marking and discriminating self from others by a domestic dog (Canis familiaris): tales of displaced yellow snow. *Behav.Processes*, **55**, 75-79.

Ben-Ami Bartal, I., Decety, J., Mason, P. (2011) Empathy and pro-social behavior in rats. *Science*, **334**, 1427-1430.

Bowlby, J. (1969) "Attachment and Loss. Vol. 1, Attachment". Hogarth.

Brosnan, SF., de Waal, FB. (2003). Monkeys reject unequal pay. *Nature*, **425**, 297-299.

Burkett, JP., Andari, E., Johnson, ZV., Curry, DC., de Waal, FB., Young, LJ. (2016) Oxytocin-dependent consolation behavior in rodents. *Science*, **351**, 375-378.

Chamero, P., Marton, TF., Logan, DW., Flanagan, K., Cruz, JR., Saghatelian, A., et al. (2007) Identification of protein pheromones that promote aggressive behaviour. *Nature*, **450**, 899-902.

Champagne, F., Diorio, J., Sharma, S., Meaney, MJ. (2001) Naturally occurring variations in maternal behavior in the rat are associated with differences in estrogen-inducible

central oxytocin receptors. *Proc. Natl. Acad. Sci. U.S.A.*, **98**, 12736-12741.
Cohen, L., Rothschild, G., Mizrahi, A. (2011) Multisensory integration of natural odors and sounds in the auditory cortex. *Neuron*, **72**, 357-369.
Darwin, C. (1871) "The Descent of Man, and Selection in Relation to Sex" (2 vols.). John Murray.
Darwin, C. (1859) "On the Origin of Species by Means of Natural Selection", John Murray.
de Waal, FB. (2009) "The Age of Empathy". Broadway Books.
de Waal, FB. (1989) Food sharing and reciprocal obligations among chimpanzees. *J. Hum. Evol.*, **18**, 433-459.
Donaldson, ZR., Young, LJ. (2008) Oxytocin, vasopressin, and the neurogenetics of sociality. *Science*, **322**, 900-904.
Dorries, KM., Adkins-Regan, E., Halpern, BP. (1997) Sensitivity and behavioral responses to the pheromone androstenone are not mediated by the vomeronasal organ in domestic pigs. *Brain Behav. Evol.*, **49**, 53-62.
Edgar, JL., Lowe, JC., Paul, ES., Nicol, CJ. (2011) Avian maternal response to chick distress. *Proc. Biol. Sci.*, **278**, 3129-3134.
Ferguson, JN., Young, LJ., Hearn, EF., Matzuk, MM., Insel, TR., Winslow, JT. (2000) Social amnesia in mice lacking the oxytocin gene. *Nat. Genet.*, **25**, 284-288.
Fleming, AS., O'Day, DH., Kraemer, GW. (1999) Neurobiology of mother-infant interactions: experience and central nervous system plasticity across development and generations. *Neurosci. Biobehav. Rev.*, **23**, 673-685.
Gallese, V., Goldman, A. (1998) Mirror neurons and the simulation theory of mind-reading. *Trends Cogn. Sci. (Regul. Ed.)*, **2**, 493-501.
Greene, JD., Sommerville, RB., Nystrom, LE., Darley, JM., Cohen, JD. (2001) An fMRI investigation of emotional engagement in moral judgment. *Science*, **293**, 2105-2108.
Guiraudie, G., Pageat, P., Cain, AH., Madec, I., Meillour, PN. (2003) Functional characterization of olfactory binding proteins for appeasing compounds and molecular cloning in the vomeronasal organ of pre-pubertal pigs. *Chem. Senses*, **28**, 609-619.
Haga, S., Hattori, T., Sato, T., Sato, K., Matsuda, S., Kobayakawa, R., *et al.* (2010) The male mouse pheromone ESP1 enhances female sexual receptive behaviour through a specific vomeronasal receptor. *Nature*, **466**, 118-122.
Hare, B., Brown, M., Williamson, C., Tomasello, M. (2002) The domestication of social cognition in dogs. *Science*, **298**, 1634-1636.
Hare, B., Kwetuenda, S. (2010) Bonobos voluntarily share their own food with others. *Curr, Biol*, **20**, R230-R231.
Hasegawa, E., Ishii, Y., Tada, K., Kobayashi, K., Yoshimura, J. (2016) Lazy workers are necessary for long-term sustainability in insect societies. *Sci, Rep*, **6**, 20846.
Hattori, T., Osakada, T., Matsumoto, A., Matsuo, N., Haga-Yamanaka, S., Nishida, T., *et al.* (2016) Self-Exposure to the Male Pheromone ESP1 Enhances Male Aggressiveness in

Mice. *Curr. Biol.*, **26**, 1229-1234.

He, J., Ma, L., Kim, S., Nakai, J., Yu, CR. (2008) Encoding gender and individual information in the mouse vomeronasal organ. *Science*, **320**, 535-538.

Higashida, H., Yokoyama, S., Kikuchi, M., Munesue, T. (2012) CD38 and its role in oxytocin secretion and social behavior. *Horm. Behav.*, **61**, 351-358.

Holy, TE., Guo, Z. (2005) Ultrasonic songs of male mice. *PLoS Biol.*, **3**, e386.

Ims, RA. (1990) On the adaptive value of reproductive synchrony as a predator-swamping strategy. *Am. Nat.*, **136**, 485-498.

Insel, TR., Winslow, JT. (1991) Central administration of oxytocin modulates the infant rat's response to social isolation. *Eur. J. Pharmacol.*, **203**, 149-152.

Insel, TR., Young, L., Wang, Z. (1997) Molecular aspects of monogamy. *Ann. N.Y. Acad. Sci.*, **807**, 302-316.

Itakura, S. (1996) An exploratory study of gaze-monitoring in nonhuman primates. *Jpn. Psychol. Res.*, **38**, 174-180.

Jacob, S., McClintock, MK., Zelano, B., Ober, C. (2002) Paternally inherited HLA alleles are associated with women's choice of male odor. *Nat. Genet.*, **30**, 175-179.

Jeon, D., Kim, S., Chetana, M., Jo, D., Ruley, HE., Lin, SY., et al. (2010) Observational fear learning involves affective pain system and Cav1.2 Ca^{2+} channels in ACC. *Nat. Neurosci.*, **13**, 482-488.

Kalynchuk, LE., Pearson, DM., Pinel, JP., Meaney, MJ. (1999) Effect of amygdala kindling on emotional behavior and benzodiazepine receptor binding in rats. *Ann. N.Y. Acad. Sci.*, **877**, 737-741.

Karlson, P., Lüscher, M. (1959) Pheromones': a new term for a class of biologically active substances. *Nature*, **183**(4653), 55-56.

Keller, M., Pierman, S., Douhard, Q., Baum, MJ., Bakker, J. (2006) The vomeronasal organ is required for the expression of lordosis behaviour, but not sex discrimination in female mice. *Eur. J. Neurosci.*, **23**, 521-530.

Kendrick, KM. (2004) The neurobiology of social bonds. *J. Neuroendocrinol.*, **16**, 1007-1008.

Kendrick, KM., Da Costa, AP., Hinton, MR., Keverne, EB. (1992) A simple method for fostering lambs using anoestrous ewes with artificially induced lactation and maternal behaviour. *Appl. Anim. Behav. Sci.*, **34**, 345-357.

Kikusui, T., Mori, Y. (2009) Behavioural and neurochemical consequences of early weaning in rodents. *J. Neuroendocrinol.*, **21**, 427-431.

Kikusui, T., Nakanishi, K., Nakagawa, R., Nagasawa, M., Mogi, K., Okanoya, K. (2011) Cross fostering experiments suggest that mice songs are innate. *PLoS One*, **6**, e17721.

Kikusui, T., Winslow, JT., Mori, Y. (2006) Social buffering: relief from stress and anxiety. *Philos. Trans. R. Soc. Lond. B, Biol. Sci.*, **361**, 2215-2228.

Koto, A., Mersch, D., Hollis, B., Keller, L. (2015) Social isolation causes mortality by

disrupting energy homeostasis in ants. *Behav. Ecol. Sociobiol.*, **69**, 583-591.
Krupenye, C., Kano, F., Hirata, S., Call, J., Tomasello, M. (2016) Great apes anticipate that other individuals will act according to false beliefs. *Science*, **354**, 110-114.
Langford, DJ., Crager, SE., Shehzad, Z., Smith, SB., Sotocinal, SG., Levenstadt, JS., *et al.* (2006) Social modulation of pain as evidence for empathy in mice. *Science*, **312**, 1967-1970.
Legros, JJ., Chiodera, P., Geenen, V. (1988) Inhibitory action of exogenous oxytocin on plasma cortisol in normal human subjects: evidence of action at the adrenal level. *Neuroendocrinology*, **48**, 204-206.
Liu, D., Diorio, J., Day, JC., Francis, DD., Meaney, MJ. (2000) Maternal care, hippocampal synaptogenesis and cognitive development in rats. *Nat. Neurosci.*, **3**, 799-806.
Liu, D., Diorio, J., Tannenbaum, B., Caldji, C., Francis, D., Freedman, A., *et al.* (1997) Maternal care, hippocampal glucocorticoid receptors, and hypothalamic-pituitary-adrenal responses to stress. *Science*, **277**, 1659-1662.
Loconto, J., Papes, F., Chang, E., Stowers, L., Jones, EP., Takada, T., *et al.* (2003) Functional expression of murine V2R pheromone receptors involves selective association with the M10 and M1 families of MHC class Ib molecules. *Cell*, **112**, 607-618.
Lukas, D., Clutton-Brock, TH. (2013) The evolution of social monogamy in mammals. *Science*, **341**, 526-530.
Luo, M., Fee, MS., Katz, LC. (2003) Encoding pheromonal signals in the accessory olfactory bulb of behaving mice. *Science*, **299**, 1196-1201.
Marlin, BJ., Mitre, M., D'amour, JA., Chao, MV., Froemke, RC. (2015) Oxytocin enables maternal behaviour by balancing cortical inhibition. *Nature*, **520**, 499-504.
McClintock, MK. (1971) Menstrual synchrony and suppression. *Nature*, **229**, 244-245.
Miklósi, Á., Kubinyi, E., Topál, J., Gácsi, M., Virányi, Z., Csányi, V. (2003) A simple reason for a big difference: wolves do not look back at humans, but dogs do. *Curr. Biol.*, **13**, 763-766.
Modahl, C., Green, LA., Fein, D., Morris, M., Waterhouse, L., Feinstein, C., Levin, H. (1998) Plasma oxytocin levels in autistic children. *Biol. Psychiat.*, **43**, 270-277.
Moyer, KE. (1976) "The Psychobiology of Aggression". Harper & Row.
Nagasawa, M., Mitsui, S., En, S., Ohtani, N., Ohta, M., Sakuma, Y., *et al.* (2015) Social evolution. Oxytocin-gaze positive loop and the coevolution of human-dog bonds. *Science*, **348**, 333-336.
Nagasawa, M., Murai, K., Mogi, K., Kikusui, T. (2011) Dogs can discriminate human smiling faces from blank expressions. *Anim. Cogn*, **14**, 525-533.
Nagasawa, M., Okabe, S., Mogi, K., Kikusui, T. (2012) Oxytocin and mutual communication in mother-infant bonding. *Front. Human Neurosci.*, **6**, 00031.
Nakamura, K., Kikusui, T., Takeuchi, Y., Mori, Y. (2008) Influences of pre- and postnatal early life environments on the inhibitory properties of familiar urine odors in male

mouse aggression. *Chem. Sens.*, **33**, 541-551.

Novotny, M., Harvey, S., Jemiolo, B., Alberts, J. (1985) Synthetic pheromones that promote inter-male aggression in mice. *Proc. Natl. Acad. Sci. U.S.A.*, **82**, 2059-2061.

Okabe, S., Kitano, K., Nagasawa, M., Mogi, K., Kikusui, T. (2013) Testosterone inhibits facilitating effects of parenting experience on parental behavior and the oxytocin neural system in mice. *Physiol. Behav.*, **118**, 159-164.

Okabe, S., Nagasawa, M., Kihara, T., Kato, M., Harada, T., Koshida, N., et al. (2010) The effects of social experience and gonadal hormones on retrieving behavior of mice and their responses to pup ultrasonic vocalizations. *Zool. Sci.*, **27**, 790-795.

Okabe, S., Tsuneoka, Y., Takahashi, A., Ooyama, R., Watarai, A., Maeda, S., et al. (2017) Pup exposure facilitates retrieving behavior via the oxytocin neural system in female mice. *Psychoneuroendocrinology*, **79**, 20-30.

Opie, C., Atkinson, QD., Dunbar, RI., Shultz, S. (2013) Male infanticide leads to social monogamy in primates. *Proc. Natl. Acad. Sci. U.S.A.*, **110**, 13328-13332.

Paredes, RG., Vazquez, B. (1999) What do female rats like about sex? Paced mating. *Behav. Brain Res.*, **105**, 117-127.

Parker, HG., Kim, LV., Sutter, NB., Carlson, S., Lorentzen, TD., Malek, TB., et al. (2004) Genetic structure of the purebred domestic dog. *Science*, **304**, 1160-1164.

Plotsky, PM., Thrivikraman, KV., Nemeroff, CB., Caldji, C., Sharma, S., Meaney, MJ. (2005) Long-term consequences of neonatal rearing on central corticotropin-releasing factor systems in adult male rat offspring. *Neuropsychopharmacology*, **30**, 2192-2204.

Porter, RH., Winberg, J. (1999) Unique salience of maternal breast odors for newborn infants. *Neurosci. Biobehav. Rev.*, **23**, 439-449.

Potts, WK., Manning, CJ., Wakeland, EK. (1991) Mating patterns in seminatural populations of mice influenced by MHC genotype. *Nature*, **352**, 619-621.

Range, F., Horn, L., Viranyi, Z., Huber, L. (2009) The absence of reward induces inequity aversion in dogs. *Proc. Natl. Acad. Sci. U.S.A.*, **106**, 340-345.

Rizzolatti, G., Craighero, L. (2004) The mirror-neuron system. *Annu. Rev. Neurosci.*, **27**, 169-192.

Sadato, N. (2017) Shared Attention and Interindividual Neural Synchronization in the Human Right Inferior Frontal Cortex. In Anonymous , "The Prefrontal Cortex as an Executive, Emotional, and Social Brain", pp.207-225, Springer.

Sanders, J., Mayford, M., Jeste, D. (2013) Empathic fear responses in mice are triggered by recognition of a shared experience. *PloS One*, **8**, e74609.

Sato, N., Tan, L., Tate, K., Okada, M. (2015) Rats demonstrate helping behavior toward a soaked conspecific. *Anim., Cogni.*, **18**, 1039-1047.

Savic, I., Berglund, H., Gulyas, B., Roland, P. (2001) Smelling of odorous sex hormone-like compounds causes sex-differentiated hypothalamic activations in humans. *Neuron*, **31**, 661-668.

Savolainen, P., Zhang, Y., Luo, J., Lundeberg, J., Leitner, T. (2002) Genetic evidence for an East Asian origin of domestic dogs. *Science*, **298**, 1610-1613.

Schorscher-Petcu, A., Sotocinal, S., Ciura, S., Dupre, A., Ritchie, J., Sorge, R.E., *et al.* (2010) Oxytocin-induced analgesia and scratching are mediated by the vasopressin-1A receptor in the mouse. *J. Neurosci.*, **30**, 8274-8284.

Scott, JP. (1966) Agonistic behavior of mice and rats: a review. *Am. Zool.*, **6**, 683-701.

Seegal, RF., Denenberg, VH. (1974) Maternal experience prevents pup-killing in mice induced by peripheral anosmia. *Physiol. Behav.*, **13**, 339-341.

Singer, AG., Macrides, F., Clancy, AN., Agosta, WC. (1986) Purification and analysis of a proteinaceous aphrodisiac pheromone from hamster vaginal discharge. *J. Biol. Chem.*, **261**, 13323-13326.

Singer, T., Seymour, B., O'doherty, JP., Stephan, KE., Dolan, RJ., Frith, CD. (2006) Empathic neural responses are modulated by the perceived fairness of others. *Nature*, **439**, 466-469.

Stowers, L., Holy, TE., Meister, M., Dulac, C., Koentges, G. (2002) Loss of sex discrimination and male-male aggression in mice deficient for TRP2. *Science*, **295**, 1493-1500.

Sugimoto, H., Okabe, S., Kato, M., Koshida, N., Shiroishi, T., Mogi, K., *et al.* (2011) A role for strain differences in waveforms of ultrasonic vocalizations during male-female interaction. *PloS One*, **6**, e22093.

Takahashi, H., Kato, M., Matsuura, M., Mobbs, D., Suhara, T., Okubo, Y. (2009) When your gain is my pain and your pain is my gain: neural correlates of envy and schadenfreude. *Science*, **323**, 937-939.

Tanaka, T., Yamamoto, T., Haruno, M. (2017) Brain response patterns to economic inequity predict present and future depression indices. *Nat. Hum. Behav.*, **1**, 748-756.

Treherne, J., Foster, W. (1982) Group size and anti-predator strategies in a marine insect. *Anim. Behav.*, **30**, 536-542.

Uematsu, A., Kikusui, T., Kihara, T., Harada, T., Kato, M., Nakano, K., *et al.* (2007) Maternal approaches to pup ultrasonic vocalizations produced by a nanocrystalline silicon thermo-acoustic emitter. *Brain Res.*, **1163**, 91-99.

Weaver, IC., Cervoni, N., Champagne, FA., D'Alessio, AC., Sharma, S., Seckl, JR., *et al.* (2004) Epigenetic programming by maternal behavior. [see comment]. *Nat. Neurosci.*, **7**, 847-854.

Webb, CE., Romero, T., Franks, B., de Waal, FB. (2017) Long-term consistency in chimpanzee consolation behaviour reflects empathetic personalities. *Nat., Commun.*, **8**, 292.

Wedekind, C., Seebeck, T., Bettens, F., Paepke, AJ. (1995) MHC-dependent mate preferences in humans. *Proc. Biol. Sci.*, **260**, 245-249.

Winslow, JT., Noble, PL., Lyons, CK., Sterk, SM., Insel, TR. (2003) Rearing effects on cerebrospinal fluid oxytocin concentration and social buffering in rhesus monkeys.

Neuropsychopharmacology, **28**, 910-918.
Wittig, RM., Crockford, C., Deschner, T., Langergraber, KE., Ziegler, TE., Zuberbuhler, K. (2014) Food sharing is linked to urinary oxytocin levels and bonding in related and unrelated wild chimpanzees. *Proc. Biol. Sci.*, **281**, 20133096.
Yamamoto, S., Humle, T., Tanaka, M. (2012) Chimpanzees' flexible targeted helping based on an understanding of conspecifics' goals. *Proc. Natl. Acad. Sci. U.S.A.*, **109**, 3588-3592.
Yamazaki, K., Beauchamp, GK., Kupniewski, D., Bard, J., Thomas, L., Boyse, EA. (1988) Familial imprinting determines H-2 selective mating preferences. *Science*, **240**, 1331-1332.
Young, LJ., Lim, MM., Gingrich, B., Insel, TR. (2001) Cellular mechanisms of social attachment. *Horm. Behav.*, **40**, 133-138.
Young, LJ., Nilsen, R., Waymire, KG., MacGregor, GR., Insel, TR. (1999) Increased affiliative response to vasopressin in mice expressing the V 1a receptor from a monogamous vole. *Nature*, **400**, 766-768.

索　引

【欧文】

BOLD 効果　96
fMRI　96
gaze following　109
GnRH　67
HLA　70
HPA 軸　5, 40
Lust　58
MHC　70
MUP　12, 83
PVN　5

【和文】

あ

挨拶行動　29
愛着　7
愛着行動　40, 47
赤の女王仮説　125
アタッチメント　7
アタッチメント行動　40, 47
アタッチメント理論　40
アリーナ　20
アログルーミング　30
安全基地　40
アンドロゲン　64, 67, 80
意思決定回路　6
痛み情動伝染　93
一夫一妻制　14, 16
一夫多妻制　15, 20
一夫多妻の閾値モデル　21
遺伝子発現修飾　3

イントロミッション　60
ウェスターマーク効果　74
運動起動回路　6
エストロゲン　64, 66
エピジェネティクス　3, 4
エピジェネティック　51
援助行動　90, 103
オキシトシン　5, 37, 40, 47, 52, 67
オス効果　61
思いやり　99

か

解発フェロモン　8
カウンターマーキング　83
嗅ぎ行動　30
カップリング　10
希釈効果　34
寄宿舎効果　61
絆　4, 7, 39, 46
起動フェロモン　8
逆性的刷込み　74
求愛行動の連鎖　62
嗅覚シグナル　48
吸乳シグナル　52
共感　2, 9
共感性　90, 91
共感脳　95
共進化　125
共生　129
協同　9
共同注視　107
協同繁殖　22
協力　9, 21
近親交配　69
グリマス　31

索 引

軍拡競走　125
毛づくろい行動　30
効果　96
攻撃行動　79
交互凝視　109
恒常性　5
行動選択回路　6
公平性　99
仔殺し　17
心の理論　39, 112
コミュニケーション　9, 47

さ

サリーとアンの課題　112
三項関係　111
閾値モデル　21
資源防御型の一夫多妻制　20
自己と他者の弁別　98
視索前野　6
視床下部-下垂体-副腎軸　40
視床下部室傍核　6
視床下部腹内側核　6
自然選択　1
室傍核　5
社会的緩衝作用　10, 39
社会的絆　7
社会的順位　25
社会的ストレス緩衝作用　10
シャーデンフロイデ　98
集合　7
種の起源　1
主要組織適合遺伝子複合体　70
主要尿タンパク質　12
情動的共感　9
情動伝染　13, 90
食物分配　122
触覚シグナル　50
鋤鼻器　61
鋤鼻神経（嗅覚）回路　6
序列　25
尻つけ　22
進化系統樹　17
真社会性動物　7
親和行動　30
スクランブル型の一夫多妻制　20

ストレス　5
ストレスホルモン　5
スニーカー　29
スプレーマーキング　82
スラスト運動　60
生育環境　4
性行動　58
性腺刺激ホルモン放出ホルモン　67
性選択　1, 69
性的刷込み　73
接触シグナル　52
絶対的順位　25
前頭葉　6
相対的順位　25
側坐核　6

た

帯状回　6
ダーウィン，チャールズ　1
他者視点　98, 113
多夫多妻制　15, 21
中脳水道周囲灰白質　6
聴覚シグナル　48
直線的な順位関係　25
つつき行動　25
敵対行動　79
同期　10
同調　10, 61
同調化　10
道徳　99, 117
独裁的な順位関係　25
時計細胞　10
トロッコ問題　120

な

なぐさめ行動　31, 123
なだめ行動　31, 123
ニワトリのつつきの順位　25
認知的共感　9

は

バソプレッシン　75
ハーレム　14
ハーレム型の一夫多妻制　20
繁殖の偏り　16

索引

フェロモン　7, 11, 61
伏臥姿勢　30
副嗅球　6
服従姿勢　30
腹側被蓋野　6
不公平忌避　37
父性行動　19
不平等嫌悪　100, 123
プライド　14
プライマーフェロモン　8
フリーライダー　39
プレーリーハタネズミ　12, 74
プロゲステロン　67
分界条床核　6
ヘルパー　22
扁桃体外側基底核　6
扁桃体内側核　6
報酬回路　6
ホカホカ　22
母仔分離モデル　51
捕食者飽食　34
母性行動　4
ホメオスタシス　5

ホルモン　5
ボンビコール　8

ま

マウス主要尿タンパク質　83
マーキング行動　82
ミラーニューロンシステム　94
群れ　3, 7, 14
モラン仮説　11

や

誘引行動　66
融和行動　30
養育行動　3

ら

乱婚　22
利他的行動　103
リリーサーフェロモン　8
劣位ストレス　26
レック　20
レック型の一夫多妻制　20
ロードシス反射　60, 66

MEMO

MEMO

MEMO

[著者紹介]

菊水　健史（きくすい　たけふみ）
1994年　東京大学農学部卒業
現　在　麻布大学獣医学部教授, 博士（獣医学）
専　門　獣医学

ブレインサイエンス・レクチャー 6
Brain Science Lecture 6

社会の起源
動物における群れの意味

The Origin of Sociality
— The Functions of Sociality
in Animals —

2019 年 4 月 30 日　初版 1 刷発行

著　者　菊水健史　Ⓒ 2019
発行者　南條光章
発行所　**共立出版株式会社**

〒 112-0006
東京都文京区小日向 4 丁目 6 番 19 号
電話　（03）3947-2511（代表）
振替口座　00110-2-57035
URL　www.kyoritsu-pub.co.jp

印　刷
製　本　錦明印刷

検印廃止
NDC 491.371
ISBN 978-4-320-05796-8

Printed in Japan

一般社団法人
自然科学書協会
会員

JCOPY ＜出版者著作権管理機構委託出版物＞
本書の無断複製は著作権法上での例外を除き禁じられています. 複製される場合は, そのつど事前に, 出版者著作権管理機構（TEL：03-5244-5088, FAX：03-5244-5089, e-mail：info@jcopy.or.jp）の許諾を得てください.

■生物学・生物科学関連書

https://www.kyoritsu-pub.co.jp/ **共立出版**

バイオインフォマティクス事典……日本バイオインフォマティクス学会編集	脳「かたち」と「はたらき」……………………………徳野博信訳
生態学事典………………………………………日本生態学会編集	神経インパルス物語…………………………………酒井正樹訳
進化学事典………………………………………日本進化学会編	生物学と医学のための物理学 原著第4版……曽我部正博監訳
日本産ミジンコ図鑑……………………………田中正明他著	細胞の物理生物学……………………………………笹井理生他訳
日本の海産プランクトン図鑑 第2版 岩国市立ミクロ生物館監修	生命の数理……………………………………………巖佐 庸著
現代菌類学大鑑…………………………………堀越孝雄他訳	生物群集の理論 4つのルールで読み解く生物多様性 松岡俊将訳
大学生のための考えて学ぶ基礎生物学……堂本光子著	大学生のための生態学入門…………………………原 登志彦監訳
生命科学を学ぶ人のための大学基礎生物学…塩川光一郎著	デイビス・クレブス・ウェスト行動生態学 原著第4版 野間口眞太郎他訳
生命科学の新しい潮流 理論生物学………望月敦史編	落葉広葉樹図譜 机上版／フィールド版……斎藤新一郎著
生命科学 生命の星と人類の将来のために…津田基之著	昆虫と菌類の関係 その生態と進化………梶村 恒他訳
環境生物学 地球の環境を守るには…………津田基之他著	個体群生態学入門 生物の人口論……………佐藤一憲訳
生命・食・環境のサイエンス………………江坂宗春監修	地球環境と生態系 陸域生態系の科学………武田博清他編集
生命システムをどう理解するか………………浅島 誠編集	生物数学入門…………………………………………竹内康博他監訳
生体分子化学 第2版……………………………秋久俊博他編	環境科学と生態学のためのR統計……………大森浩二他監訳
実験生体分子化学………………………………秋久俊博他編著	生態学のためのベイズ法……………………………野間口眞太郎訳
モダンアプローチの生物科学…………………美宅成樹著	BUGSで学ぶ階層モデリング入門……………飯島勇人訳
数理生物学 個体群動態の数理モデリング入門…瀬野裕美著	湖沼近過去調査法……………………………………占部城太郎編
数理生物学講義 基礎編………………………瀬野裕美著	湖と池の生物学………………………………………占部城太郎監訳
数理生物学講義 展開編………………………齋藤保久他著	生態系再生の新しい視点 湖沼からの提案…高村典子編著
生物学のための計算統計学……………………野間口眞太郎訳	なぜ・どうして種の数は増えるのか…………巖佐 庸監訳
一般線形モデルによる生物科学のための現代統計学 野間口謙太郎訳	生き物の進化ゲーム 大改訂版………………酒井聡太他訳
分子系統学への統計的アプローチ……藤 博幸他訳	進化生態学入門 数式で見る生物進化………山内 淳著
システム生物学がわかる！……………………土井 淳他著	これからの進化生態学………………………………江副日出夫他訳
細胞のシステム生物学…………………………江口至洋著	進化のダイナミクス…………………………………竹内康博他監訳
遺伝子とタンパク質のバイオサイエンス…杉山政則編著	ゲノム進化学入門……………………………………斎藤成也著
遺伝子から生命をみる…………………………関口睦夫他著	ニッチ構築 忘れられていた進化過程………佐倉 統他訳
せめぎ合う遺伝子 利己的な遺伝因子の生物学…藤原晴彦監訳	基礎と応用 現代微生物学…………………………杉山政則著
DNA鑑定とタイピング…………………………福島弘文他訳	アーキア生物学………………………………………日本Archaea研究会監修
生物とは何か？…………………………………美宅成樹著	細菌の栄養科学 環境適応の戦略……………石田昭夫他訳
基礎から学ぶ構造生物学………………………河野敬一他編集	基礎から学べる菌類生態学…………………………大園亨司著
入門 構造生物学 放射光X線と中性子で最新の生命現象を読み解く…加藤龍一編集	菌類の生物学 分類・系統・生態・環境・利用…日本菌学会企画
構造生物学 原子構造からみた生命現象の営み…樋口芳樹他著	新・生細胞蛍光イメージング………………………原口徳子他訳
構造生物学 ポストゲノム時代のタンパク質研究…倉光成紀編	よくわかる生物電子顕微鏡技術……………………臼倉治郎著
タンパク質計算科学 基礎と創薬への応用…神谷成敏他著	食と農と資源 環境時代のエコ・テクノロジー…中村好男他編
脳入門のその前に………………………………徳野博信著